电力拖动控制技术及实训

主　编　苟刘敏　张志娟

副主编　王岳城　苗　晶　高会娟

参　编　雷鹏飞　吕金卫　夏　露　赵　琳

岳本燕　伏　彬　辛　凯　张　倩

杨卫平　刘德林

北京理工大学出版社

BEIJING INSTITUTE OF TECHNOLOGY PRESS

图书在版编目(CIP)数据

电力拖动控制技术及实训 / 苟刘敏，张志娟主编
. -- 北京 : 北京理工大学出版社，2013.8（2024.1 重印）
ISBN 978 - 7 - 5640 - 8261 - 1

Ⅰ. ①电… Ⅱ. ①苟… ②张… Ⅲ. ①电力传动 - 自动控制系统 - 中等专业学校 - 教材 Ⅳ. ① TM921.5

中国版本图书馆 CIP 数据核字（2013）第 194445 号

责任编辑：陈莉华　　**文案编辑**：陈莉华
责任校对：周瑞红　　**责任印制**：边心超

出版发行 / 北京理工大学出版社有限责任公司
社　　址 / 北京市丰台区四合庄路 6 号
邮　　编 / 100070
电　　话 /（010）68914026（教材售后服务热线）
（010）68944437（课件资源服务热线）
网　　址 / http: // www. bitpress. com. cn

版 印 次 / 2024 年 1 月第 1 版第 6 次印刷
印　　刷 / 定州启航印刷有限公司
开　　本 / 710 mm × 1000 mm　1/16
印　　张 / 10
字　　数 / 190 千字
定　　价 / 30.00 元

前　言

为响应国家教育部提出的中等职业教育应以“就业为导向，能力为本位”的指导精神，并结合四川水电高级技工学校机电一体化重点示范建设专业编写了本书。在取材和编写的过程中通过广泛、深入的市场调研对企业岗位所需的能力进行分析，获得了企业对机电一体化专业的用人标准，即：职业素养、专业能力、创新能力的需求。在内容上采用以“项目导向、任务引领”，按照“提出任务→接受任务→任务准备→制订方案→任务实施→任务评价→技能拓展”的工作过程进行编写。力求抓住“实践能力培养”这条主线，注重理论与实践相结合，突出动手操作训练，强调精讲多练。充分体现“做中学、学中做”的教学理念。教材内容由浅入深，合理地安排了知识点、技能点，着重缩短与企业生产一线真实生产任务的距离。教学过程注重过程评价，采用学生自评、互评及教师评的方式。这些环节均符合中等职业学校学生的认知规律，也是教学教改的有益实践。

编　者

目　录

项目一　常用低压电气的安装、检测与维修 ………………………… 1

任务一　低压熔断器的识别与检修 ………………………… 1
任务二　低压开关的识别与检修 ………………………… 7
任务三　主令电器的识别与检修 ………………………… 17
任务四　交流接触器的识别、拆装与检测 ………………………… 24

项目二　电动机的基本控制线路及其安装、调试与维修 ………………… 33

任务一　安装、调试与检修三相异步电动机的点动控制线路 ………… 33
任务二　安装、调试与检修三相异步电动机的自锁正转控制线路 …… 42
任务三　安装、调试与检修三相异步电动机的点动与连续混合正转的控制线路 ………………………… 50
任务四　安装、调试与检修三相异步电动机的正反转控制线路 ……… 60
任务五　安装、调试与检修三相异步电动机的位置控制与自动往返正反转控制线路 ………………………… 71
任务六　安装、调试与检修三相异步电动机的顺序控制线路 ………… 81
任务七　正确安装、选择检测多地控制线路 ………………………… 89
任务八　正确安装、选择检测三相异步电动机的降压启动控制线路 … 95
任务九　正确安装、选择检测三相异步电动机的制动控制线路 ……… 105

项目三　常用生产机械的电气控制线路安装、调试与维修 ……………… 115

任务一　正确安装、调试与检修 CA6140 车床的电气控制线路 ……… 115
任务二　正确安装、调试与检修 X62W 型万能铣床的电气控制线路…… 125
任务三　正确安装、调试与检修 T68 型镗床的电气控制线路 ……… 139

项目一 常用低压电气的安装、检测与维修

任务一 低压熔断器的识别与检修

一、教学指引

教学步骤	教 学 方 式
任务资讯	自学、查资料、互相讨论
任务讲解	重点讲述低压熔断器的选择及检修的知识
任务实施	导入情景，采取学生训练与教师示范、巡回指导相结合的方式
任务评价	采用学生自评、互评及教师评的方式

二、任务单

任务名称	低压熔断器的识别与检修	实训设备	
小组成员			
任务要求	（1）认识熔断器的基本结构、工作原理及型号含义。 （2）熟记熔断器的图形符号和文字符号。 （3）能正确识别、选用、安装、使用熔断器		

续表

任务名称	低压熔断器的识别与检修	实训设备	
任务描述	在此项典型工作任务中主要使学生识别与检修低压熔断器。在工厂中，常运用低压熔断器来保护电路。学生接到本任务后，应根据任务要求准备工具和仪器仪表，做好工作现场准备，严格遵守作业规范进行施工，填写相关表格并交检测指导教师验收。按照现场管理规范清理场地、归置物品		
任务目标	**知识目标：** 认识熔断器的基本结构、工作原理及型号含义。 **技能目标：** （1）学会正确识别、选用、安装、使用熔断器，熟悉它们的功能、基本结构、工作原理及型号意义，熟记它们的图形符号和文字符号。 （2）各小组发挥团队合作精神，学会低压熔断器的识别、安装与检修。 **安全规范目标：** （1）低压电器的安装应按国家标准进行施工。 （2）低压电器安装应符合国家设计规定。 （3）工作完毕后，按照现场管理规范清理场地、归置物品		

三、任务资讯

熔断器是一种广泛应用的简单而有效的保护电器。在使用中，熔断器中的熔体（也称为保险丝）串联在被保护的电路中，当该电路发生过载或短路故障时，如果通过熔体的电流达到或超过了某一值，则在熔体上产生的热量便会使其温度升高到熔体的熔点，导致熔体自行熔断，达到保护的目的。

1. 熔断器的结构与工作原理

熔断器主要由熔体和安装熔体的熔管或熔座两部分组成。熔体由熔点较低的材料如铅、锌、锡及铅锡合金做成丝状或片状；熔管是熔体的保护外壳，由陶瓷、绝缘刚纸或玻璃纤维制成，在熔体熔断时兼起灭弧作用。

熔断器熔体中的电流为熔体的额定电流时，熔体长期不熔断；当电路发生严重过载时，熔体在较短时间内熔断；当电路发生短路时，熔体能在瞬间熔断。熔体的这个特性称为反时限保护特性，即电流为额定值时长期不熔断，过载电流或短路电流越大，熔断时间越短。由于熔断器对过载反应不灵敏，不宜用于过载保护，主要用于短路保护。

常用的熔断器有瓷插式熔断器和螺旋式熔断器两种，它们的外形结构如图 1－1－1、图 1－1－2 所示。

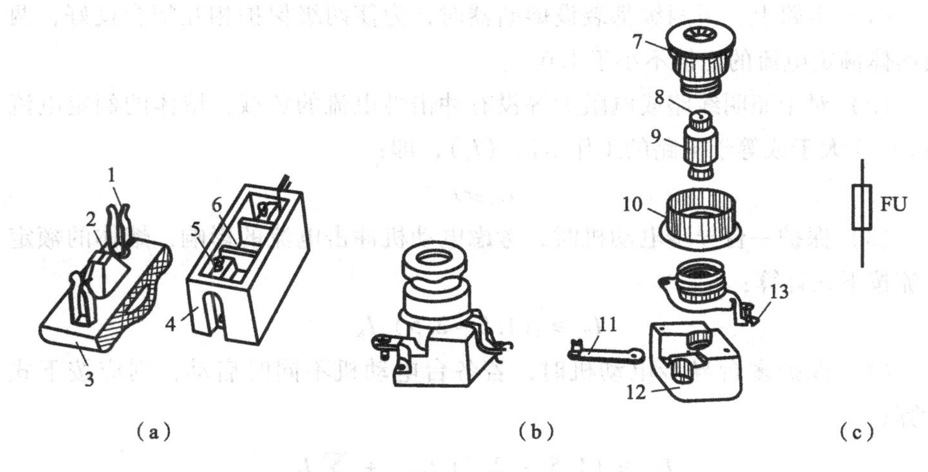

图 1-1-1　熔断器的外形结构

（a）瓷插式熔断器；（b）螺旋式熔断器；（c）符号

1—动触片；2—熔体；3—瓷盖；4—瓷底；5—静触点；6—灭弧室；7—瓷帽；8—小红点标志；9—熔断管；10—瓷套；11—下接线端；12—瓷底座；13—上接线端

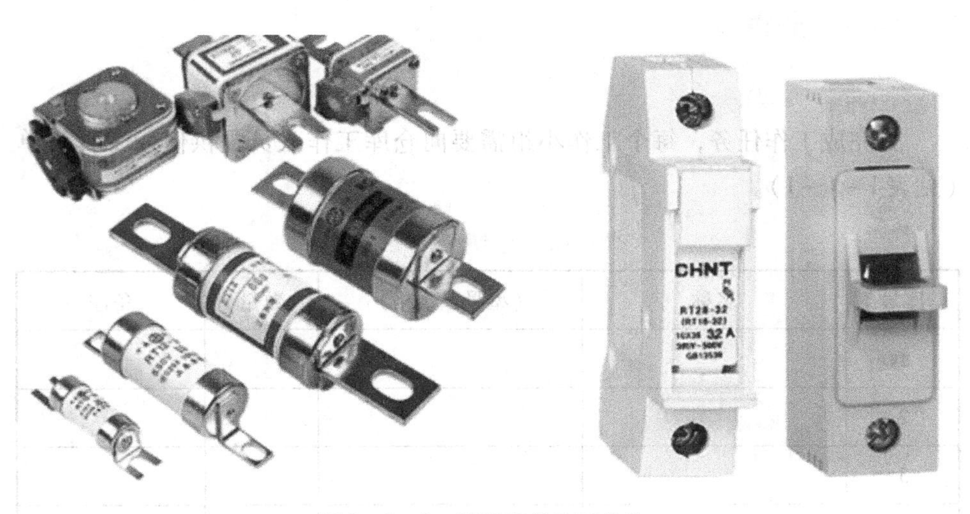

图 1-1-2　熔断器的外形结构

2. 熔断器的选择

熔断器的选择主要是选择熔断器的种类、额定电压、额定电流和熔体的额定电流等。熔断器的种类主要由电气控制系统整体设计时确定，熔断器的额定电压应大于或等于实际电路的工作电压，因此确定熔体电流是选择熔断器的主要任务，具体有下列几条原则：

(1) 电路上、下两级都装设熔断器时，为使两级保护相互配合良好，两极熔体额定电流的比值不小于1.6:1。

(2) 对于照明线路或电阻炉等没有冲击性电流的负载，熔体的额定电流(I_{fN})应大于或等于电路的工作电流(I_e)，即：

$$I_{fN} \geqslant I_e$$

(3) 保护一台异步电动机时，考虑电动机冲击电流的影响，熔体的额定电流按下式计算：

$$I_{fN} \geqslant (1.5 \sim 2.5)\ I_N$$

(4) 保护多台异步电动机时，若各台电动机不同时启动，则应按下式计算：

$$I_{fN} \geqslant (1.5 \sim 2.5)\ I_{Nmax} + \sum I_N$$

式中 I_{Nmax}——容量最大的一台电动机的额定电流；

$\sum I_N$——其余电动机额定电流的总和。

四、任务实施

1. 工具的准备

为完成工作任务，每个工作小组需要向仓库工作人员提供使用工具清单(见表1-1-1)。

表1-1-1 使用工具清单

序号	名称	(型号、规格)	数量	备注
1				
2				
3				
4				
5				

2. 元器件的选择

为完成工作任务，每个工作小组需要向仓库工作人员提供领用元器件清单(见表1-1-2)。

表 1－1－2 电器元件明细表

序号	代号	名称	（型号、规格）	数量	备注
1					
2					
3					
4					
5					

3. 低压熔断器的识别与检修

（1）在教师的指导下，仔细观察各种不同类型、规格的熔断器外形和结构特点。

（2）在指导老师所给熔断器中任选四只，用胶布盖住其型号编号，由学生根据实物写出其名称、型号规格及主要组成部分，并填入表 1－1－3 中。

表 1－1－3 根据实物写出其名称、型号规格及主要组成部分

序号	1	2	3	4
名称				
型号规格				
主要结构				

4. 更换 RC 系列和 RL 系列熔断器的熔体

（1）检查所给熔断器的熔体是否完好。对 RC 系列可拔下瓷盖进行检查；对 RL 系列应首先检查熔断指示器。

（2）若熔体已熔断，应按原规格选配熔体。

（3）更换熔体。对 RC 系列熔断器，安装熔丝时，熔丝缠绕方向一定要正确，安装过程中不得损伤熔丝。对 RL 系列熔断器不能倒装。

（4）用万用表检查更换熔体后的熔断器各部分接触是否良好。

五、任务评价

1. 成果展示

各小组派代表上台总结完成任务的过程中掌握了哪些技能技巧、发现错误后如何改正，并用万用表检查更换熔体后的熔断器各部分接触是否良好。

2. 各小组对工作岗位的“7S”处理

在小组和教师都完成工作任务总结以后，各小组必须对自己的工作岗位进行“整理、整顿、清扫、清洁、安全、素养、节约”的7S处理；归还所借的工、量具和实习工件。

3. 评价表

完成表1－1－4。

表1－1－4　低压熔断器的识别与检修评价表

<table>
<tr><td colspan="3">班级：__________
小组：__________
姓名：__________</td><td colspan="4">指导教师：__________
日　期：__________</td></tr>
<tr><td rowspan="2">评价项目</td><td rowspan="2">评价标准</td><td rowspan="2">评价依据</td><td colspan="3">评价方式</td><td rowspan="2">小计</td></tr>
<tr><td>学生自评（20%）</td><td>小组互评（30%）</td><td>教师评价（50%）</td></tr>
<tr><td>职业素养</td><td>（1）遵守企业规章制度、劳动纪律。
（2）按时按质完成工作任务。
（3）积极主动承担工作任务，勤学好问。
（4）注意人身安全与设备安全。
（5）工作岗位7S完成情况</td><td>（1）出勤。
（2）工作态度。
（3）劳动纪律。
（4）团队协作精神</td><td></td><td></td><td></td><td></td></tr>
<tr><td>专业能力</td><td>（1）认识熔断器的基本结构、工作原理及型号含义。
（2）熟记熔断器的图形符号和文字符号。
（3）能正确识别、选用、安装、使用熔断器</td><td>（1）操作的准确性和规范性。
（2）工作页或项目技术总结完成情况。
（3）专业技能任务完成情况</td><td></td><td></td><td></td><td></td></tr>
<tr><td>创新能力</td><td>（1）在任务完成过程中能提出自己的见解和方案。
（2）在教学或生产管理上提出建议，具有创新性</td><td>（1）方案的可行性及意义。
（2）建议的可行性</td><td></td><td></td><td></td><td></td></tr>
<tr><td>合　计</td><td colspan="6"></td></tr>
</table>

六、任务拓展

通过网络收集或走访低压电器生产厂家、专卖店和使用单位，你会认识更多的熔断器。比一比，看看谁收集和认识的更多一些，分组讨论整理后，作为资料备用。

任务二　低压开关的识别与检修

一、教学指引

教学步骤	教学方式
任务资讯	自学、查资料、互相讨论
任务讲解	重点讲述低压开关的识别与检修的知识
任务实施	导入情景，采取学生训练与教师示范、巡回指导相结合的方式
任务评价	采用学生自评、互评及教师评的方式

二、任务单

任务名称	低压开关的识别与检修	实训设备	
小组成员			
任务要求	（1）认识低压开关的基本结构、工作原理及型号含义。 （2）熟记低压开关的图形符号和文字符号。 （3）能正确识别、选用、安装、使用低压开关		
任务描述	在此项典型工作任务中主要使学生识别与检修低压开关。在工厂中，常用低压开关来保护电路。学生接到本任务后，应根据任务要求准备工具和仪器仪表，做好工作现场准备，严格遵守作业规范进行施工，填写相关表格并交检测指导教师验收。按照现场管理规范清理场地、归置物品		

续表

任务名称	低压开关的识别与检修	实训设备	
任务目标	**知识目标：** 认识低压开关的基本结构、工作原理及型号含义。 **技能目标：** （1）学会正确识别、选用、安装、使用低压开关，熟悉它们的功能、基本结构、工作原理及型号意义，熟记它们的图形符号和文字符号。 （2）各小组发挥团队合作精神，学会低压开关的识别、安装与检修。 **安全规范目标：** （1）低压电器的安装应按国家标准进行施工。 （2）低压电器安装应符合国家设计规定。 （3）工作完毕后，按照现场管理规范清理场地、归置物品		

三、任务资讯

资讯一　低压断路器

1. 低压断路器的功能

低压断路器又叫自动空气开关或自动空气断路器，简称断路器。它集控制和多种保护功能于一体，在线路工作正常时，它作为电源开关接通和分断电路；当电路发生短路、过载和失压等故障时，它能自动跳闸切断故障电路，从而保护线路和电气设备。

2. DZ 系列塑壳式低压断路器的结构

DZ5－20 型塑壳式低压断路器的外形结构如图 1－2－1 所示。断路器主要由动触头、静触头、灭弧装置、操作机构、热脱扣器及外壳等部分组成。

3. DZ 系列塑壳式低压断路器的工作原理

DZ 系列塑壳式低压断路器的工作原理如图 1－2－2 所示。

4. 低压断路器的选用

（1）自动空气断路器的额定电压和额定电流应不小于电路的额定电压和最大工作电流。

（2）热脱扣器的整定电流与所控制负载的额定电流一致。电磁脱扣器的瞬时脱扣整定电流应大于负载电路正常工作时的最大电流。

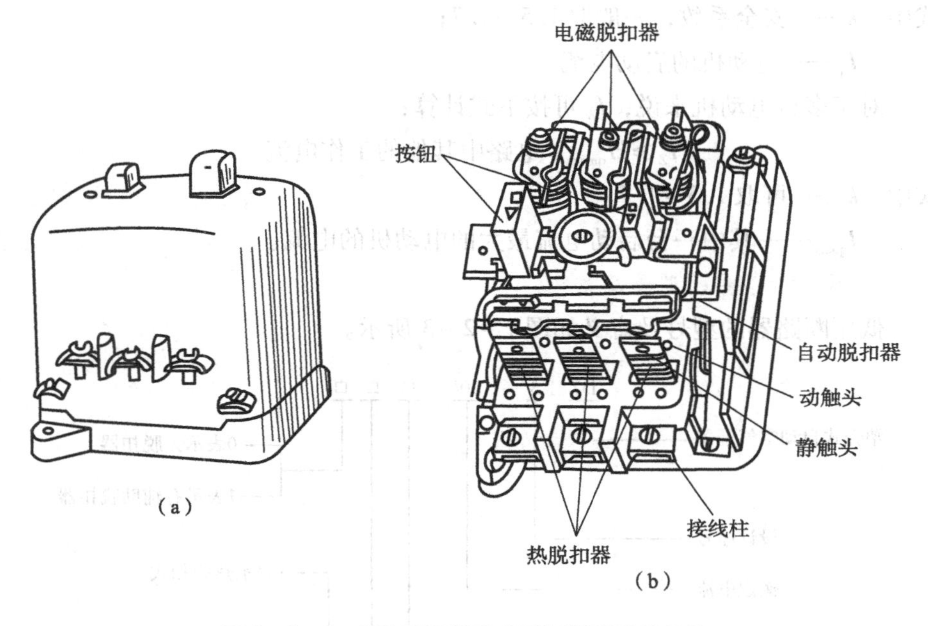

图 1-2-1 DZ 系列塑壳式低压断路器的结构

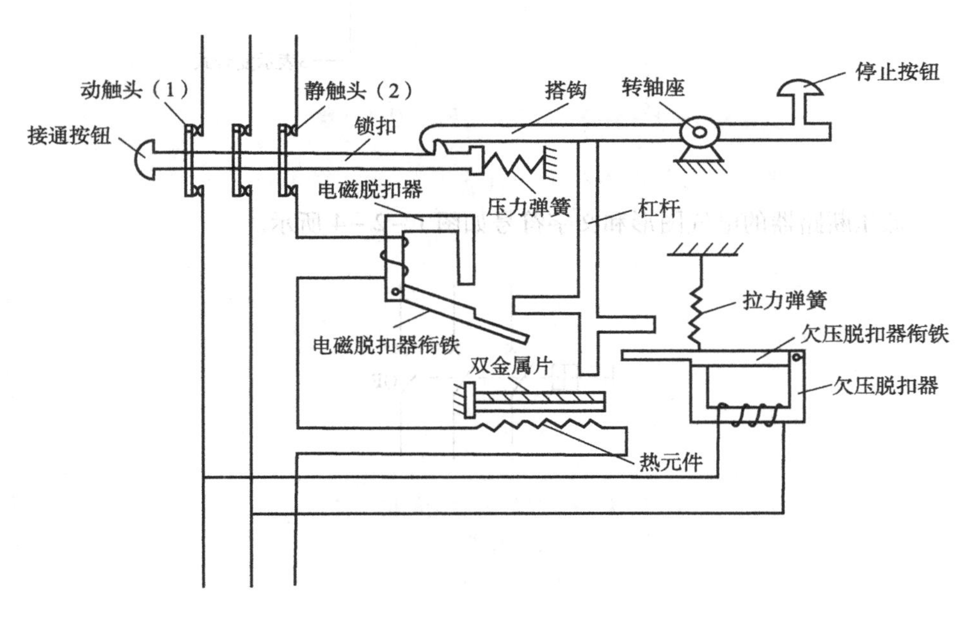

图 1-2-2 DZ 系列塑壳式低压断路器的工作原理

对于单台电动机来说，电磁脱扣器的瞬时脱扣整定电流 I_Z 可按下式计算：

$$I_Z \geqslant kI_q$$

式中 k——安全系数，一般取1.5~1.7；

I_q——电动机的启动电流。

对于多台电动机来说，I_Z 可按下式计算：

$$I_Z \geqslant kI_{qmax} + \text{电路中其他的工作电流}$$

式中 k——可取1.5~1.7；

I_{qmax}——其中一台启动电流最大的电动机的电流。

5. 低压断路器的型号及意义

低压断路器的型号及意义如图1-2-3所示。

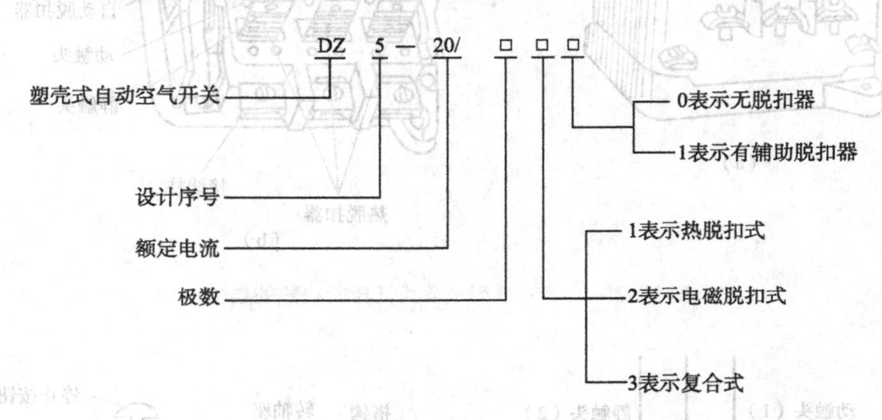

图1-2-3 低压断路器的型号及意义

6. 低压断路器的电气图形和文字符号

低压断路器的电气图形和文字符号如图1-2-4所示。

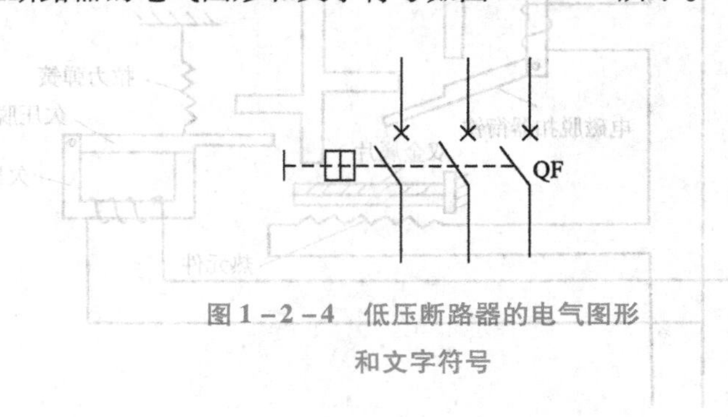

图1-2-4 低压断路器的电气图形和文字符号

资讯二 刀开关

刀开关又称闸刀开关，是结构最简单、应用最广泛的一种手控电器。刀开关在低压电路中用于不频繁地接通和分断电路，或用于隔离电路与电源，故又称为“隔离开关”。

1. 刀开关的分类

刀开关按极数分，有单极、双极和三极；按结构分，有平板式和条架式；按操作方式分，有直接手柄操作式、杠杆操作机构式、旋转操作式和电动操作机构式；除特殊的大电流刀开关采用电动操作方式外，一般都进行手动操作。

2. 刀开关的结构和工作原理

刀开关由绝缘底板、静插座、手柄、触刀和铰链支座等部分组成，如图1-2-5所示为其结构简图。推动手柄使触刀绕铰链支座转动，就可将触刀插入静插座内，电路就被接通。若使触刀绕铰链支座做反向转动，脱离插座，电路就被切断。为了保证触刀和插座合闸时接触良好，它们之间必须具有一定的接触压力，为此，额定电流较小的刀开关插座多用硬紫铜制成，利用材料的弹性来产生所需压力，额定电流大的刀开关还要通过在插座两侧加弹簧片来增加压力。

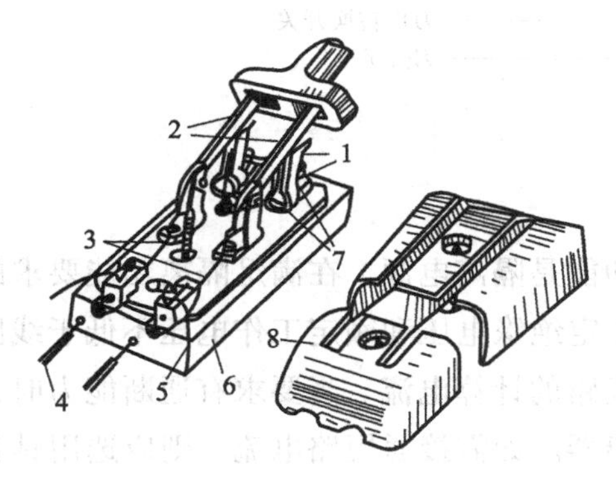

图1-2-5 刀开关的结构简图

1—电源进线座；2—动触头；3—熔丝；4—负载线；5—负载接线座；6—瓷底座；7—静触头；8—胶木片

刀开关在分断有负载的电路时，其触刀与插座之间会产生电弧。为此采用速断刀刃的结构，使触刀迅速拉开，加快分断速度，保护触刀不致被电弧所灼伤。对于大电流刀开关，为了防止各极之间发生电弧闪烁，导致电源相间短路，刀开关各极间设有绝缘隔板，有的设有灭弧罩。

3. 刀开关的符号

刀开关的图形符号和文字符号如图1-2-6所示。

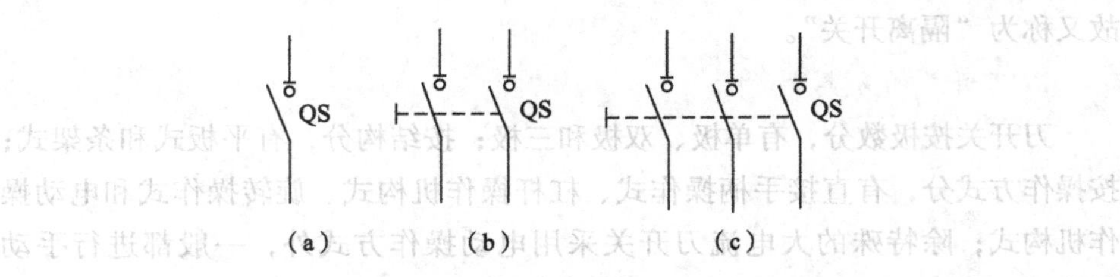

图 1-2-6　刀开关的图形符号和文字符号

(a) 单极；(b) 双极；(c) 三极

4. 刀开关的型号含义

刀开关的型号含义如图 1-2-7 所示。

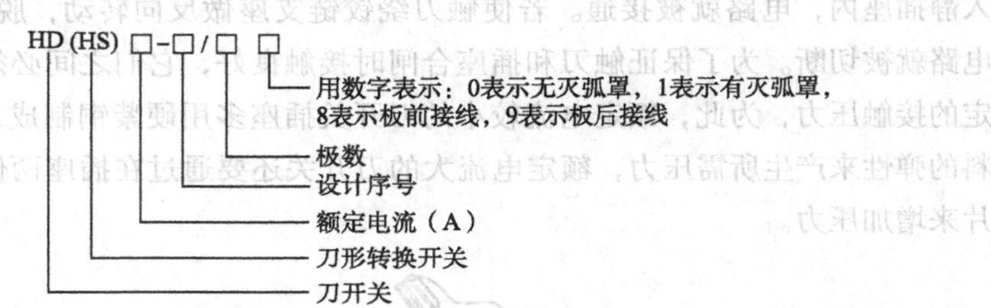

图 1-2-7　刀开关的型号含义

5. 刀开关的选用原则

刀开关的主要功能是隔离电源。在满足隔离功能要求的前提下，选用的主要原则是保证其额定绝缘电压和额定工作电压不低于线路的相应数据，额定工作电流不小于线路的计算电流。当要求有通断能力时，须选用具备相应额定通断能力的隔离器。如需接通短路电流，则应选用具备相应短路接通能力的隔离开关。

资讯三　组合开关

组合开关又称转换开关，它实质上也是一种刀开关，只不过一般刀开关的操作手柄是在垂直于其安装面的平面内向上或向下转动，而组合开关的操作手柄则是在平行于其安装面的平面内向左或向右转动而已。它的刀片是转动式的，操作比较轻巧，它的动触头（刀片）和静触头装在封装的绝缘件内，采用叠装式结构，其层数由动触头数量决定，动触头装在操作手柄的转轴上，随转轴旋转而改变各对触头的通断状态。它一般用于非频繁的接通和分断电路、接通电源和负载、测量三相电压以及控制小容量异步电动机的正反转和

Y/△启动等。

1. 组合开关的结构

组合开关的结构如图1－2－8所示。

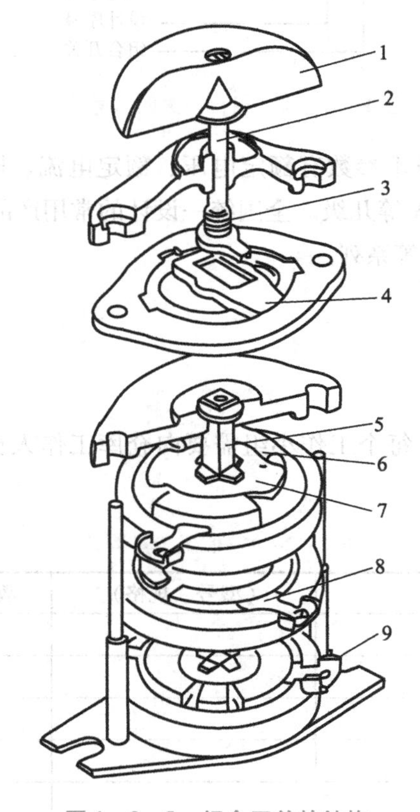

图1－2－8 组合开关的结构

1—手柄；2—转轴；3—弹簧；4—凸轮；5—绝缘杆；6—绝缘垫板；7—动触片；8—静触片；9—接线柱

2. 组合开关的符号

组合开关的文字符号和图形符号如图1－2－9所示。

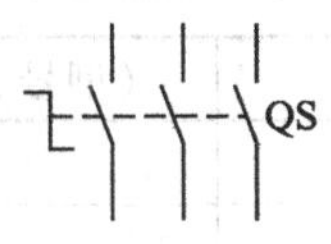

图1－2－9 组合开关的文字符号和图形符号

3. 组合开关的型号含义

组合开关的型号含义如图1－2－10所示。

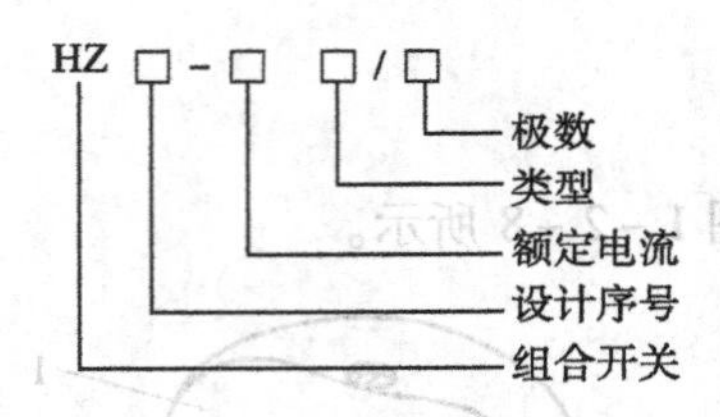

图 1-2-10　组合开关的型号含义

组合开关的主要技术参数有额定电压、额定电流、极数等。其中额定电流有 10 A、25 A、60 A 等几级。全国统一设计的常用产品有 HZ5、HZ10 系列和新型组合开关 HZ15 等系列。

四、任务实施

1. 工具的准备

为完成工作任务，每个工作小组需要向仓库工作人员提供使用工具清单（见表 1-2-1）。

表 1-2-1　使用工具清单

序号	名称	（型号、规格）	数量	备注
1				
2				
3				
4				
5				

2. 元器件选择

为完成工作任务，每个工作小组需要向仓库工作人员提供领用元器件清单（见表 1-2-2）。

表 1-2-2　电器元件明细表

序号	代号	名称	（型号、规格）	数量	备注
1					
2					
3					
4					
5					

3. 低压开关的识别与检修

（1）在教师的指导下，仔细观察各种不同类型、规格的开关外形和结构特点。

（2）将低压开关的铭牌数据用胶布盖住并编号，由学生根据实物写出其名称、型号规格、文字符号及图形符号，并填入表1－2－3中。

表1－2－3 根据实物写出其名称、型号规格、文字符号及图形符号

序号	1	2	3	4
名称				
型号规格				
文字符号				
图形符号				

（3）检测低压开关：将低压开关的手柄扳到合闸位置，用万用表的电阻挡测量各对触头之间的接触情况。

（4）拆装HZ10系列组合开关。

五、任务评价

1. 成果展示

各小组派代表上台总结完成任务的过程中掌握了哪些技能技巧、发现错误后如何改正，并用万用表检测拆装后的组合开关各对触头接触是否良好。

2. 各小组对工作岗位的“7S”处理

在小组和教师都完成工作任务总结以后，各小组必须对自己的工作岗位进行“整理、整顿、清扫、清洁、安全、素养、节约”的7S处理；归还所借的工、量具和实习工件。

3. 评价表

完成表1－2－4。

表1-2-4 低压开关的识别与检修评价表

<table>
<tr><td colspan="3">班级：________
小组：________
姓名：________</td><td colspan="5">指导教师：________

日 期：________</td></tr>
<tr><td rowspan="2">评价项目</td><td rowspan="2">评价标准</td><td rowspan="2">评价依据</td><td colspan="3">评价方式</td><td rowspan="2">小计</td></tr>
<tr><td>学生自评（20%）</td><td>小组互评（30%）</td><td>教师评价（50%）</td></tr>
<tr><td>职业素养</td><td>（1）遵守企业规章制度、劳动纪律。
（2）按时按质完成工作任务。
（3）积极主动承担工作任务，勤学好问。
（4）注意人身安全与设备安全。
（5）工作岗位7S完成情况</td><td>（1）出勤。
（2）工作态度。
（3）劳动纪律。
（4）团队协作精神</td><td></td><td></td><td></td><td></td></tr>
<tr><td>专业能力</td><td>（1）认识低压开关的基本结构、工作原理及型号含义。
（2）熟记低压开关的图形符号和文字符号。
（3）能正确识别、选用、安装、使用低压开关</td><td>（1）操作的准确性和规范性。
（2）工作页或项目技术总结完成情况。
（3）专业技能任务完成情况</td><td></td><td></td><td></td><td></td></tr>
<tr><td>创新能力</td><td>（1）在任务完成过程中能提出自己的见解和方案。
（2）在教学或生产管理上提出建议，具有创新性</td><td>（1）方案的可行性及意义。
（2）建议的可行性</td><td></td><td></td><td></td><td></td></tr>
<tr><td>合 计</td><td colspan="6"></td></tr>
</table>

六、任务拓展

通过网络收集或走访低压电器生产厂家、专卖店和使用单位，你会认识更多的低压开关。比一比，看看谁收集和认识的更多一些，分组讨论整理后，作为资料备用。

任务三 主令电器的识别与检修

一、教学指引

教学步骤	教 学 方 式
任务资讯	自学、查资料、互相讨论
任务讲解	重点讲述主令电器的识别与检修的知识
任务实施	导入情景，采取学生训练与教师示范、巡回指导相结合的方式
任务评价	采用学生自评、互评及教师评的方式

二、任务单

任务名称	主令电器的识别与检修	实训设备	
小组成员			
任务要求	（1）认识主令电器的基本结构、工作原理及型号含义。 （2）熟记主令电器的图形符号和文字符号。 （3）能正确识别、选用、安装、使用主令电器		
任务描述	在此项典型工作任务中主要使学生识别与检修主令电器。在工厂中，常运用主令电器来保护电路。学生接到本任务后，应根据任务要求准备工具和仪器仪表，做好工作现场准备，严格遵守作业规范进行施工，填写相关表格并交检测指导教师验收。按照现场管理规范清理场地、归置物品		
任务目标	**知识目标：** 认识主令电器的基本结构、工作原理及型号含义。 **技能目标：** （1）学会正确识别、选用、安装、使用主令电器，熟悉它们的功能、基本结构、工作原理及型号意义，熟记它们的图形符号和文字符号。 （2）各小组发挥团队合作精神，学会主令电器的识别、安装与检修。 **安全规范目标：** （1）低压电器的安装应按国家标准进行施工。 （2）低压电器安装应符合国家设计规定。 （3）工作完毕后，按照现场管理规范清理场地、归置物品		

三、任务资讯

资讯一　主令电器

主令电器是用来接通或断开控制电路，以发布命令、改变控制系统工作状态的电器，它可以直接作用于控制电路，也可以通过电磁式电器的转换对电路实现控制，其主要类型有控制按钮、行程开关、接近开关、万能转换开关、凸轮控制器等。

资讯二　控制按钮

控制按钮是一种典型的主令电器，其作用通常是用来短时间地接通或断开小电流的控制电路，从而控制电动机或其他电器设备的运行。

1. 控制按钮的结构与符号

常用控制按钮的外形结构与符号如图 1－3－1 所示。

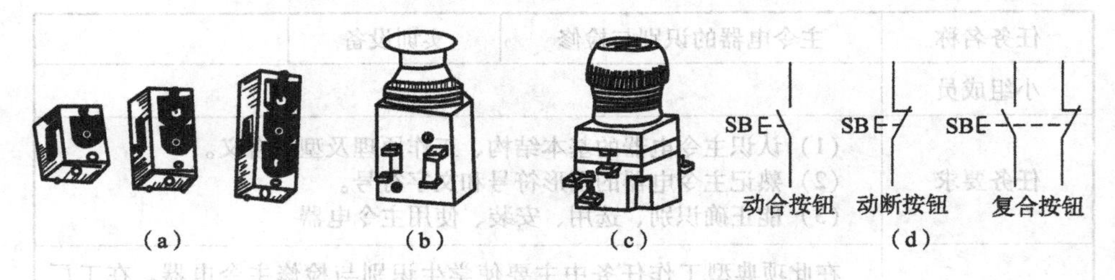

图 1－3－1　常用控制按钮的外形结构与符号

(a) LA10 系列按钮；(b) LA18 系列按钮；(c) LA19 系列按钮；(d) 符号

典型控制按钮的内部结构如图 1－3－2 所示。

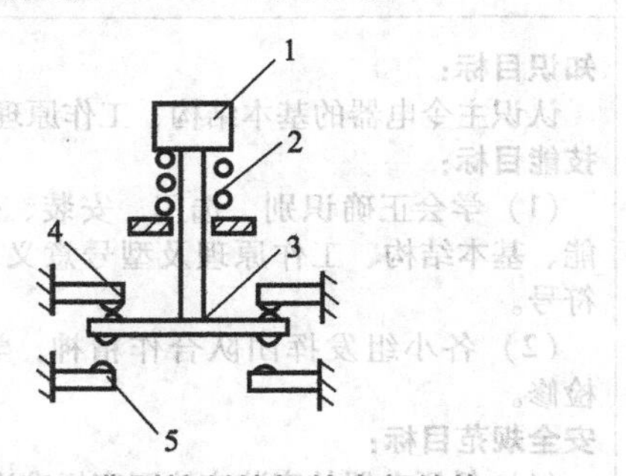

图 1－3－2　典型控制按钮的内部结构

1—按钮帽；2—复位弹簧；3—桥式触头；4—常闭触头或动断触头；5—常开触头或动合触头

2. 控制按钮的种类及动作原理

1）按结构形式分

①旋钮式——用手动旋钮进行操作。

②指示灯式——按钮内装入信号灯显示信号。

③紧急式——装有蘑菇形钮帽，以示紧急动作。

2）按触点形式分

①动合按钮——外力未作用时（手未按下），触点是断开的；外力作用时，触点闭合；但外力消失后，在复位弹簧作用下自动恢复原来的断开状态。

②动断按钮——外力未作用时（手未按下），触点是闭合的；外力作用时，触点断开；但外力消失后，在复位弹簧作用下恢复原来的闭合状态。

③复合按钮——既有动合按钮，又有动断按钮的按钮组，称为复合按钮。按下复合按钮时，所有的触点都改变状态，即动合触点要闭合，动断触点要断开。但是，两对触点的变化是有先后次序的，按下按钮时，动断触点先断开，动合触点后闭合；松开按钮时，动合触点先复位，动断触点后复位。

3. 控制按钮的型号含义

按钮开关型号的表示方法及含义如图 1 -3 -3 所示。

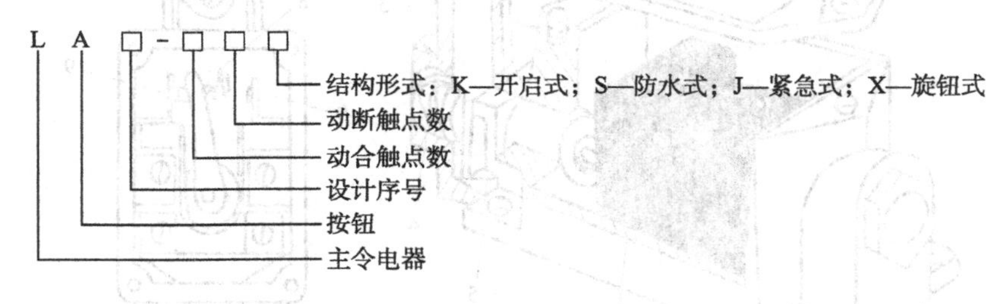

图 1 -3 -3 按钮开关型号的表示方法及含义

资讯三 行程开关

1. 行程开关的外形结构及符号

机械式行程开关的外形结构、图形符号及文字符号（SQ）如图 1 -3 -4 所示。

2. 行程开关的工作原理

行程开关的工作原理为：当生产机械的运动部件到达某一位置时，运动

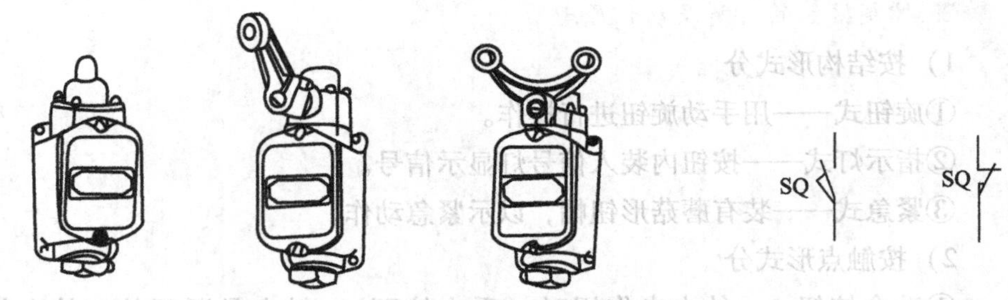

图1－3－4　行程开关的外形结构及符号

(a) 外形图；(b) 符号

部件上的挡块碰压行程开关的操作头，使行程开关的触头改变状态，对控制电路发出接通、断开或变换某些控制电路的指令，以达到设定的控制要求。图1－3－5是行程开关的动作结构图。

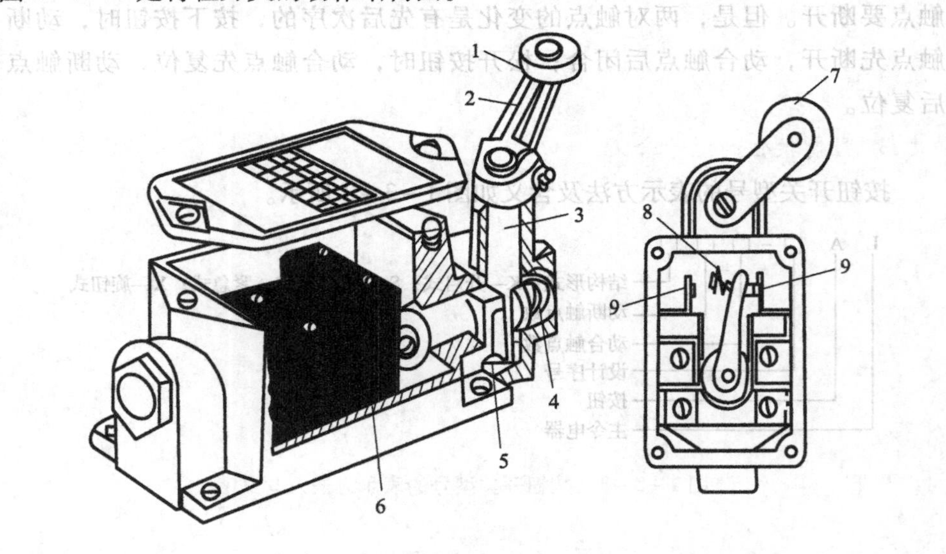

图1－3－5　行程开关的动作结构图

1，7—滚轮；2—杠杆；3—轴；4—复位弹簧；5—撞块；6—微动开关；8—动触头；9—静触头

3. 行程开关的型号含义

行程开关的型号含义如图1－3－6所示。

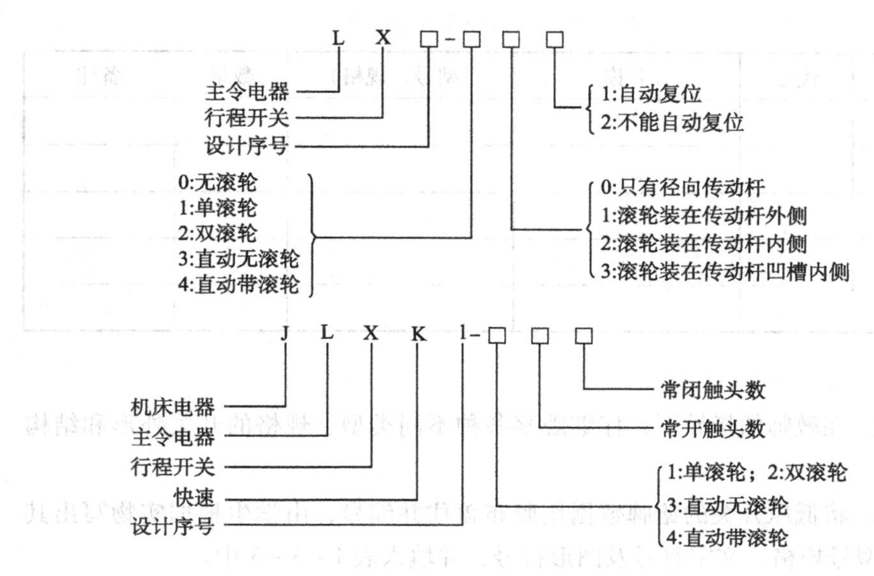

图 1-3-6 行程开关的型号含义

四、任务实施

1. 工具的准备

为完成工作任务，每个工作小组需要向仓库工作人员提供使用工具清单（见表 1-3-1）。

表 1-3-1 使用工具清单

序号	名称	（型号、规格）	数量	备注
1				
2				
3				
4				
5				

2. 元器件选择

为完成工作任务，每个工作小组需要向仓库工作人员提供领用元器件清单（见表 1-3-2）。

表 1-3-2 电器元件明细表

序号	代号	名称	（型号、规格）	数量	备注
1					
2					
3					
4					
5					

3. 主令电器的识别与检测

（1）在教师的指导下，仔细观察各种不同类型、规格的开关外形和结构特点。

（2）将低压开关的铭牌数据用胶布盖住并编号，由学生根据实物写出其名称、型号规格、文字符号及图形符号，并填入表 1-3-3 中。

表 1-3-3 根据实物写出其名称、型号规格、文字符号及图形符号

序号	1	2	3	4
名称				
型号规格				
文字符号				
图形符号				

（3）检测按钮和行程开关：拆开外壳观察其内部结构，比较按钮和行程开关的相似和不同之处，理解常开触头、常闭触头和复合触头的动作情况，用万用表的电阻挡测量各对触头之间的接触情况，分辨常开触头和常闭触头。

五、任务评价

1. 成果展示

各小组派代表上台总结完成任务的过程中掌握了哪些技能技巧、发现错误后如何改正，并用万用表检测按钮及行程开关各对触头接触是否良好。

2. 各小组对工作岗位的“7S”处理

在小组和教师都完成工作任务总结以后，各小组必须对自己的工作岗位进行“整理、整顿、清扫、清洁、安全、素养、节约”的7S处理；归还所借的工、量具和实习工件。

3. 评价表

完成表 1－3－4。

表 1－3－4 主令电器的识别与检修评价表

班级：______ 小组：______ 姓名：______		指导教师：______ 日 期：______				
评价项目	评价标准	评价依据	评价方式			小计
			学生自评（20%）	小组互评（30%）	教师评价（50%）	
职业素养	（1）遵守企业规章制度、劳动纪律。 （2）按时按质完成工作任务。 （3）积极主动承担工作任务，勤学好问。 （4）注意人身安全与设备安全。 （5）工作岗位 7S 完成情况	（1）出勤。 （2）工作态度。 （3）劳动纪律。 （4）团队协作精神				
专业能力	（1）认识主令电器的基本结构、工作原理及型号含义。 （2）熟记主令电器的图形符号和文字符号。 （3）能正确识别、检测主令电器	（1）操作的准确性和规范性。 （2）工作页或项目技术总结完成情况。 （3）专业技能任务完成情况				
创新能力	（1）在任务完成过程中能提出自己的见解和方案。 （2）在教学或生产管理上提出建议，具有创新性	（1）方案的可行性及意义。 （2）建议的可行性				
合 计						

六、任务拓展

通过网络收集或走访低压电器生产厂家、专卖店和使用单位，你会认识更多的主令电器。比一比，看看谁收集和认识的更多一些，分组讨论整理后，作为资料备用。

任务四 交流接触器的识别、拆装与检测

一、教学指引

教学步骤	教学方式
任务资讯	自学、查资料、互相讨论
任务讲解	重点讲述交流接触器的识别、拆装与检测的知识
任务实施	导入情景，采取学生训练与教师示范、巡回指导相结合的方式
任务评价	采用学生自评、互评及教师评的方式

二、任务单

<table>
<tr><td>任务名称</td><td>交流接触器的识别、拆装与检测</td><td>实训设备</td><td></td></tr>
<tr><td>小组成员</td><td colspan="3"></td></tr>
<tr><td>任务要求</td><td colspan="3">（1）认识交流接触器的基本结构、工作原理及型号含义。
（2）熟记交流接触器的图形符号和文字符号。
（3）能正确识别、选用、安装、使用交流接触器</td></tr>
<tr><td>任务描述</td><td colspan="3">在此项典型工作任务中主要使学生识别与检测交流接触器。在工厂中，常运用交流接触器来保护电路。学生接到本任务后，应根据任务要求准备工具和仪器仪表，做好工作现场准备，严格遵守作业规范进行施工，填写相关表格并交检测指导教师验收。按照现场管理规范清理场地、归置物品</td></tr>
<tr><td>任务目标</td><td colspan="3">知识目标：
认识交流接触器的基本结构、工作原理及型号含义。
技能目标：
（1）学会正确识别、选用、安装、检测交流接触器，熟悉它们的功能、基本结构、工作原理及型号意义，熟记它们的图形符号和文字符号。
（2）各小组发挥团队合作精神，学会交流接触器的识别、拆装与检测。
安全规范目标：
（1）交流接触器的安装应按国家标准进行施工。
（2）工作完毕后，按照现场管理规范清理场地、归置物品</td></tr>
</table>

三、任务资讯

资讯一 接 触 器

1. 交流接触器的外形结构与符号

交流接触器的外形结构与符号如图 1-4-1 所示。

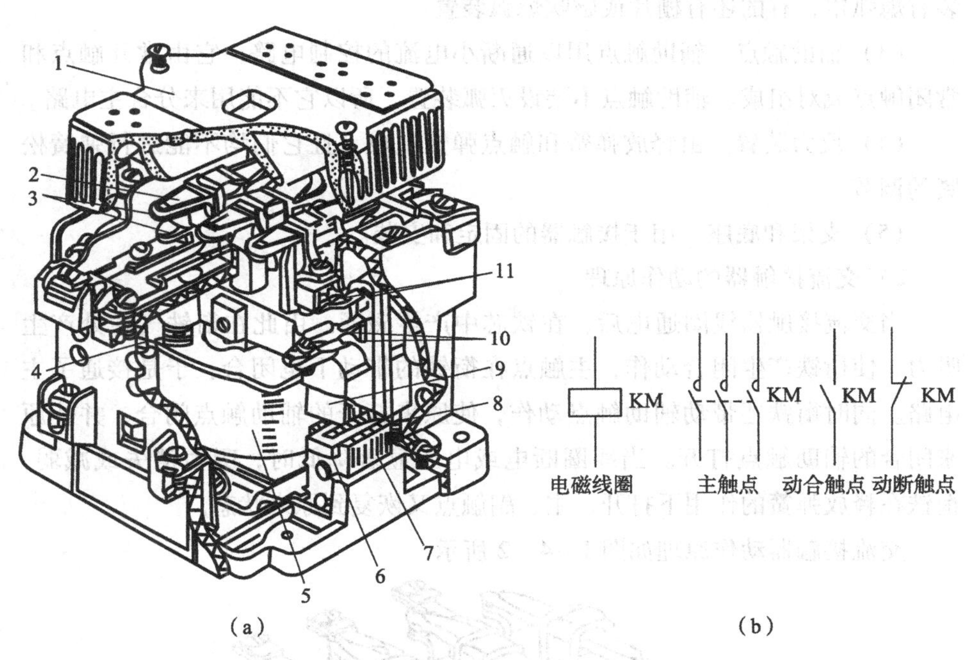

图 1-4-1 交流接触器的外形结构及符号

(a) 外形结构；(b) 符号

1—灭弧罩；2—触点压力弹簧片；3—主触点；4—反作用弹簧；5—线圈；6—短路环；7—静铁芯；8—弹簧；9—动铁芯；10—辅助动合触点；11—辅助动断触点

2. 交流接触器的组成及动作原理

1) 交流接触器的组成

(1) 电磁机构。电磁机构用来操作触点的闭合和分断，它由静铁芯、线圈和衔铁三部分组成。交流接触器的电磁系统有两种基本类型，即衔铁做绕轴运动的拍合式电磁系统和衔铁做直线运动的直线运动式电磁系统。交流电磁铁的线圈一般采用电压线圈（直接并联在电源电压上的具有较高阻抗的线圈）通以单相交流电，为减少交变磁场在铁芯中产生的涡流与磁滞损耗，防止铁芯过热，其铁芯一般用硅钢片叠铆而成。因交流接触器励磁线圈电阻较小（主要由感抗限制线圈电流），故铜损引起的发热不多，为了增加铁芯的散热面积，线圈一般做成短而粗的圆筒形。

（2）主触点和灭弧系统。主触点用以通断电流较大的主电流，一般由接触面积较大的常开触点组成。交流接触器在分断大电流电路时，往往会在动、静触点之间产生很强的电弧，因此，容量较大（20 A 以上）的交流接触器均装有熄弧罩，有的还有栅片或磁吹熄弧装置。

（3）辅助触点。辅助触点用以通断小电流的控制电路，它由常开触点和常闭触点成对组成。辅助触点不装设灭弧装置，所以它不能用来分合主电路。

（4）反力装置。由释放弹簧和触点弹簧组成，且它们均不能进行弹簧松紧的调节。

（5）支架和底座。用于接触器的固定和安装。

2）交流接触器的动作原理

当交流接触器线圈通电后，在铁芯中产生磁通。由此在衔铁气隙处产生吸力，使衔铁产生闭合动作，主触点在衔铁的带动下也闭合，于是接通了主电路。同时衔铁还带动辅助触点动作，使原来打开的辅助触点闭合，并使原来闭合的辅助触点打开。当线圈断电或电压显著降低时，吸力消失或减弱，衔铁在释放弹簧的作用下打开，主、副触点又恢复到原来状态。

交流接触器动作原理如图 1－4－2 所示。

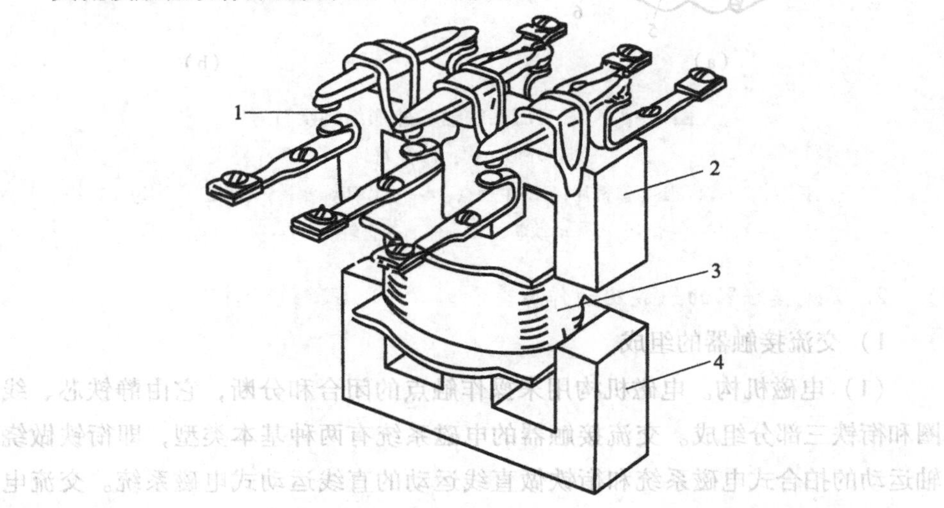

图 1－4－2　交流接触器动作原理图

1—主触头；2—动触头；3—电磁线圈；4—静铁芯

3. 接触器的型号含义

接触器的型号含义如图 1－4－3 所示。

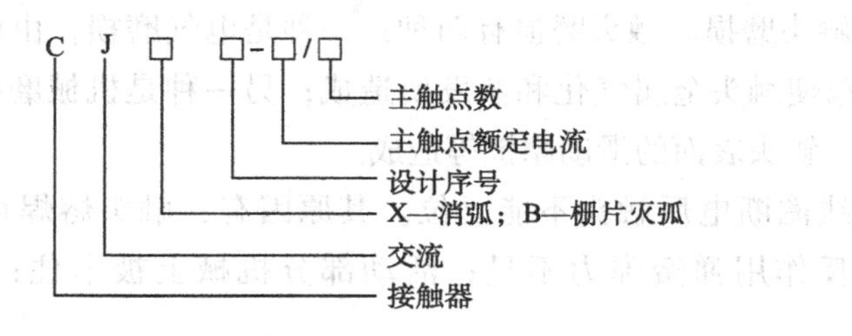

图 1－4－3 接触器的型号含义

目前我国常用的交流接触器主要有 CJ20、CJXI、CJXZ、CJ12 和 CJ10 等系列，引进产品应用较多的有引进德国 BBC 公司制造技术生产的 B 系列、德国 SIEMENS 公司的 3TB 系列、法国 TE 公司的 LCI 系列等。

4. 交流接触器的选择

（1）接触器的类型选择：根据接触器所控制的负载性质来选择接触器的类型。

（2）额定电压的选择：接触器的额定电压应大于或等于负载回路的电压。

（3）额定电流的选择：接触器的额定电流应大于或等于被控回路的额定电流。

对于电动机负载可按下列经验公式计算：

$$I_c = P_N \times 10^3 / (KU_N)$$

式中 I_c——接触器主触头电流，单位为 A；

P_N——电动机的额定功率，单位为 W；

U_N——电动机的额定电压，单位为 V；

K——经验系数，一般取 1～1.4。

选择接触器的额定电流应大于 I_c，也可查手册根据其技术数据确定。接触器如使用在频繁启动、制动和正反转的场合时，一般其额定电流降一个等级来选用。

（4）吸引线圈的额定电压选择：吸引线圈的额定电压应与所接控制电路的电压相一致。

（5）接触器的触头数量、种类选择：其触头数量和种类应满足主电路和控制线路的要求。

5. 接触器常见故障分析

（1）触头过热。造成触头发热的主要原因有：触头接触压力不足；触头表面接触不良；触头表面被电弧灼伤烧毛等。以上原因都会使触头接触电阻增大，使触头过热。

（2）触头磨损。触头磨损有两种：一种是电气磨损，由触头间电弧或电火花的高温使触头金属气化和蒸发所造成；另一种是机械磨损，由触头闭合时的撞击、触头表面的滑动摩擦等造成。

（3）线圈断电后触头不能复位。其原因有：触头熔焊在一起；铁芯剩磁太大；反作用弹簧弹力不足；活动部分机械上被卡住；铁芯端面有油污等。

（4）衔铁震动和噪声。产生震动和噪声的主要原因有：短路环损坏或脱落；衔铁歪斜或铁芯端面有锈蚀、尘垢，使动、静铁芯接触不良；反作用弹簧弹力太大；活动部分机械上卡阻而使衔铁不能完全吸合等。

（5）线圈过热或烧毁。线圈中流过的电流过大时，就会使线圈过热甚至烧毁。发生线圈电流过大的原因有：线圈匝间短路；衔铁与铁芯闭合后有间隙；操作频繁，超过了允许操作频率；外加电压高于线圈额定电压等。

四、任务实施

1. 工具的准备

为完成工作任务，每个工作小组需要向仓库工作人员提供使用工具清单（见表1－4－1）。

表1－4－1　使用工具清单

序号	名称	（型号、规格）	数量	备注
1				
2				
3				
4				
5				

2. 元器件选择

为完成工作任务，每个工作小组需要向仓库工作人员提供领用元器件清单（见表1－4－2）。

表 1-4-2 电器元件明细表

序号	代号	名称	（型号、规格）	数量	备注
1					
2					
3					
4					
5					

3. 交流接触器的识别与检测

（1）在教师的指导下，仔细观察交流接触器的外形和结构特点。

（2）将交流接触器的铭牌数据用胶布盖住并编号，由学生根据实物写出其名称、型号规格、文字符号及图形符号，并填入表 1-4-3 中。

表 1-4-3 根据实物写出其名称、型号规格、文字符号及图形符号

序号	1	2
名称		
型号规格		
文字符号		
图形符号		

（3）CJT1-20 交流接触器的拆装与检修。

拆装的步骤及要求如下：

①拆卸。

（a）拆下灭弧罩。

（b）拉紧主触头定位弹簧夹，将主触头侧转 45°后，取下主触头和压力弹簧片。

（c）松开辅助常开静触头的螺钉，卸下常开静触点。

（d）用手按压底盖板，卸下螺钉，取下底盖板。

（e）取出静铁芯和静铁芯支架及缓冲弹簧。

（f）拔出线圈弹簧片，取出线圈。

(g) 取出反作用弹簧和动铁芯塑料支架。

(h) 从支架上取下动铁芯定位销，取下动铁芯。

②检修。

(a) 检查灭弧罩有无破裂或烧损，清除灭弧罩内金属飞溅物和颗粒，保持灭弧罩内的清洁。

(b) 检查触头磨损的程度，磨损严重时应更换触头。若不需要更换，则要清除表面上烧毛的颗粒。

(c) 检查触头压力弹簧及反作用弹簧是否变形和弹力不足。

(d) 检查铁芯有无变形及端面接触是否平整。

(e) 用万用表检查线圈是否有短路或断路现象。将万用表旋到电阻 $R\times10\ \Omega$ 挡位进行测量，首先进行欧姆调零，然后进行测量。如果电阻值很小或为“0”，则线圈短路；如果电阻值很大或为“∞”，则线圈断路，应更换线圈。

③装配。

按拆除的逆序进行装配。

④调试。

接触器装配好后要进行调试。

(a) 将装配好的接触器接入电路，如图 1-4-4 所示。

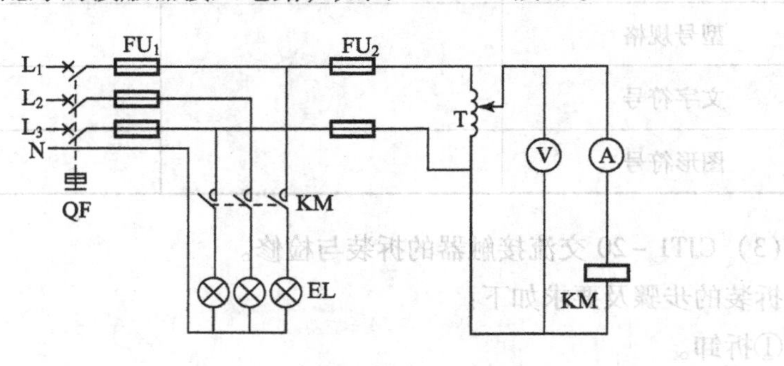

图 1-4-4　接触器校验图

(b) 将调压器调到零位。

(c) 合上空气开关 QF，均匀调节自耦调压器，使输出电压逐渐增大，直到接触器吸合为止，此时电压表上的电压值就是接触器吸合动作电压值，该电压值应小于或等于接触器线圈额定电压的 85%。接触器吸合后，接在接触器主触头上的灯应亮。

(d) 保持吸合电压值，直接分合空气开关 QF 两次，以校验其动作的可靠性。

(e) 均匀调节自耦调压器，使输出电压逐渐减小，直到接触器释放为止，此时电压表上的电压值就是接触器释放电压值，该电压值应大于接触器线圈额定电压的50%。

(f) 调节自耦调压器，使输出电压等于接触器线圈额定电压，观察、倾听接触器铁芯有无震动及噪声。如果震动，指示灯也有明暗的现象。

(g) 触头压力测量、调整。

- 断开空气开关QF，拆除主触头上的接线。
- 把一张厚度为0.1 mm（比主触头稍宽）的纸条放在主触头的动、静触头之间。
- 合上空气开关QF，使接触器在线圈额定电压下吸合。用于手动纸条，若触头压力合适，稍用力即可拉出。触头压力小，纸条很容易拉出，但纸条容易拉断，因此需要调整或更换触头弹簧，直到符合要求。

五、任务评价

1. 成果展示

各小组派代表上台总结完成任务的过程中掌握了哪些技能技巧、发现错误后如何改正，并用万用表检测拆装后的交流接触器各对触头接触是否良好。

2. 各小组对工作岗位的“7S”处理

在小组和教师都完成工作任务总结以后，各小组必须对自己的工作岗位进行“整理、整顿、清扫、清洁、安全、素养、节约”的7S处理；归还所借的工、量具和实习工件。

3. 评价表

完成表1－4－4。

六、任务拓展

通过网络收集或走访交流接触器生产厂家、专卖店和使用单位，你会认识更多的交流接触器。比一比，看看各种交流接触器的外形和结构有何异同。分组讨论整理后，作为资料备用。

表 1－4－4　交流接触器的识别、拆装与检测评价表

班级：＿＿＿＿ 小组： 姓名：＿＿＿＿		指导教师：＿＿＿＿ 日　期：＿＿＿＿				
评价项目	评价标准	评价依据	评价方式			小计
			学生自评（20%）	小组互评（30%）	教师评价（50%）	
职业素养	（1）遵守企业规章制度、劳动纪律。 （2）按时按质完成工作任务。 （3）积极主动承担工作任务，勤学好问。 （4）注意人身安全与设备安全。 （5）工作岗位 7S 完成情况	（1）出勤。 （2）工作态度。 （3）劳动纪律。 （4）团队协作精神				
专业能力	（1）认识交流接触器的基本结构、工作原理及型号含义。 （2）熟记交流接触器的图形符号和文字符号。 （3）能正确拆装、检测交流接触器	（1）操作的准确性和规范性。 （2）工作页或项目技术总结完成情况。 （3）专业技能任务完成情况				
创新能力	（1）在任务完成过程中能提出自己的见解和方案。 （2）在教学或生产管理上提出建议，具有创新性	（1）方案的可行性及意义。 （2）建议的可行性				
合　计						

项目二 电动机的基本控制线路及其安装、调试与维修

任务一 安装、调试与检修三相异步电动机的点动控制线路

一、教学指引

教学步骤	教 学 方 式
任务资讯	自学、查资料、互相讨论
任务讲解	重点讲述点动控制的原理、安装及检修的知识
任务实施	导入情景，采取学生训练与教师示范、巡回指导相结合的方式
任务评价	采用学生自评、互评及教师评的方式

二、任务单

任务名称	安装、调试与检修三相异步电动机的点动控制线路	实训设备	
小组成员			
任务要求	（1）掌握点动控制的概念，完成点动控制线路的安装。 （2）能根据控制要求绘制电路原理图、电器元件布置图和电气接线图。 （3）掌握电器元件安装步骤及工艺要求。 （4）能根据控制要求完成点动控制线路的安装并进行通电调试		

续表

任务名称	安装、调试与检修三相异步电动机的点动控制线路	实训设备	
任务描述	点动控制线路简单易懂，如 MY7132A 型平面磨床，在操作磨头快速上升时，只需按下按钮，磨头能快速上升；松开按钮，磨头能立即停止上升。磨头快速上升采用的是一种点动控制线路，它是通过按钮和接触器来实现线路自动控制的。 本任务通过教师在实训板上安装、调试的示教，学生根据教师所教边听边练，然后由学生独立操作，进行巩固练习。完成三相异步电动机的点动控制线路的安装调试学习		
任务目标	**知识目标：** （1）识读电路图、布置图、接线图的原则。 （2）说出三相异步电动机点动控制线路的工作原理。 **能力目标（专业能力）：** （1）学会点动控制电路图的绘制。 （2）安装、调试、检修三相异步电动机点动控制线路的安装工艺。 （3）会选择导线、整定电流。 （4）在生产中能灵活使用点动控制线路。 **安全规范目标：** （1）处理好工作中已拆除的电线，以防止触电。 （2）带电试车前须检查无误后方能送电，且有指导老师监护。 （3）工作完毕后，按照现场管理规范清理场地、归置物品		

三、任务资讯

资讯一　电　路　图

电路图是根据生产机械运动形式对电气控制系统的要求，采用国家统一规定的电气图形符号和文字符号，按照电气设备和电器的工作顺序，详细表示电路、设备或成套装置的全部基本组成和连接关系，而不考虑其实际位置的一种简图。

电路图能充分表达电气设备和电器的用途、作用及工作原理，是电气线路安装、调试和维修的理论依据。

1. 绘制原理图时应遵循的原则

（1）电路图一般分电源电路、主电路和辅助电路三部分，如图 2－1－1 所示。

在图中，按照电路图的绘制原则，三相交流电源线 L1、L2、L3 依次水平

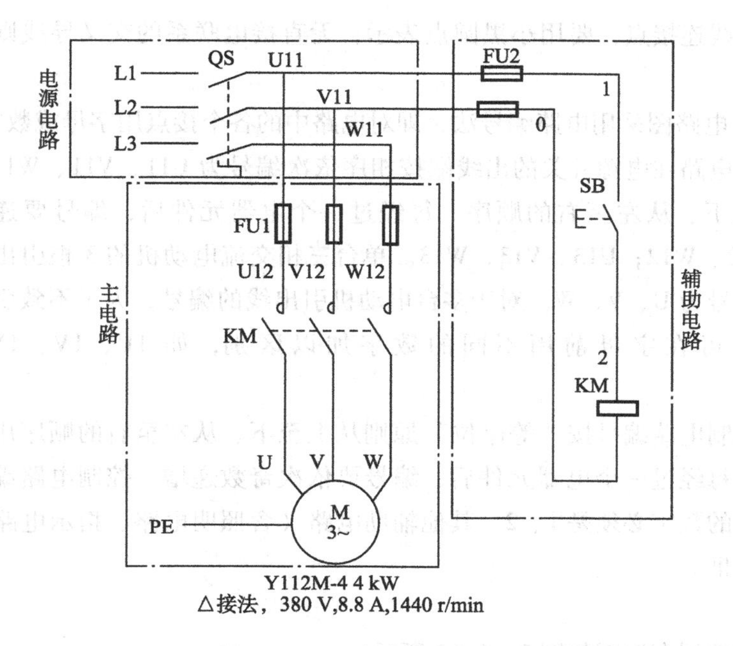

图 2－1－1 点动控制电路图

地画在图的上方，电源开关 QS 水平画出；由熔断器 FU1、接触器 KM 的 3 对主触头和电动机 M 组成的主电路及垂直电源线画在图的左侧；由启动按钮 SB、接触器 KM 的线圈组成的控制电路跨接在 L1 和 L2 两条电源线之间，垂直画在主电路的右侧，且耗能元件 KM 的线圈与下边电源线 U 相连画在电路的下方，启动按钮 SB 则画在 KM 线圈与上边电源线 L1 之间。

图中接触器 KM 采用了分开表示法，其 3 对主触头画在主电路中，而线圈则画在控制电路中，为表示它们是同一电器，在它们的图形符号旁边标注了相同的文字符号 KM。线路按规定在各接点进行了编号。

（2）电路图中，各电器的触头位置都按电路未通电或电器未受外力作用时的常态位置画出。分析原理时，应从触头的常态位置出发。

（3）在电路图中不画各电器元件实际的外形图，而采用国家统一规定的电气图形符号画出。

（4）电路图中，同一电器的各元件不按它们的实际位置画在一起，而是按其在线路中所起的作用分画在不同电路中，但它们的动作却是相互关联的，因此，必须标注相同的文字符号。若图中相同的电器较多时，需要在电器文字符号后面加注不同的阿拉伯数字，以示区别，如 KM1、KM2 等。

（5）画电路图时，应尽可能减少线条和避免线条交叉。对有直接电联系的交叉导线连接点，要用小黑圆点表示；无直接电联系的交叉导线则不画小黑圆点。

（6）电路图采用电路编号法，即对电路中的各个接点用字母或数字编号。

①主电路在电源开关的出线端按相序依次编号为U11、V11、W11。然后按从上至下、从左至右的顺序，每经过一个电器元件后，编号要递增，如U12、V12、W12；U13、V13、W13。单台三相交流电动机的3根引出线按相序依次编号为U、V、W。对于多台电动机引出线的编号，为了不致引起误解和混淆，可在字母前用不同的数字加以区别，如1U、1V、1W；2U、2V、2W。

②控制电路编号按“等电位”原则从上至下、从左至右的顺序用数字依次编号，每经过一个电器元件后，编号要依次奇数递增。控制电路编号的起始与结束的数字必须是1、2，其他辅助电路（含照明电路、指示电路）编号也依次类推。

2. 布置图

点动控制布置图如图2-1-2所示。

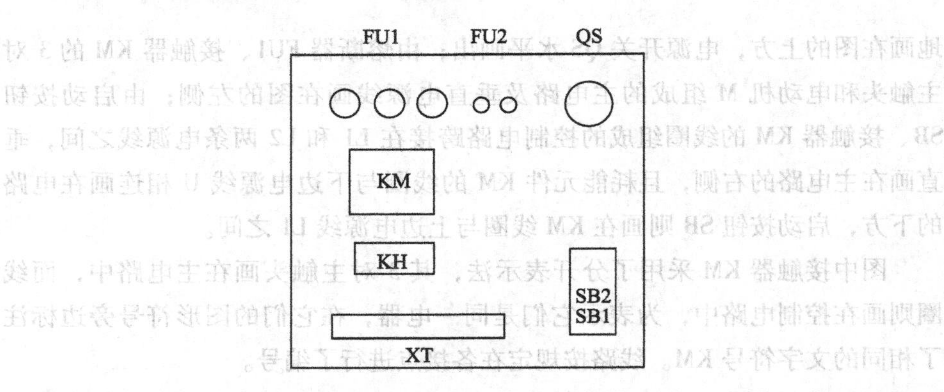

图2-1-2　点动控制布置图

位置图是根据电器元件在控制板上的实际安装位置，采用简化的外形符号（如正方形、矩形、圆形等）而绘制的一种简图。它主要用于电器元件的布置和安装。图中各电器的文字符号必须与电路图和接线图的标注相一致。在实际中，电路图、接线图和布置图要结合起来使用。

3. 接线图

点动控制接线图如图2-1-3所示。

接线图是根据电气设备和电器元件的实际位置和安装情况绘制的，只用

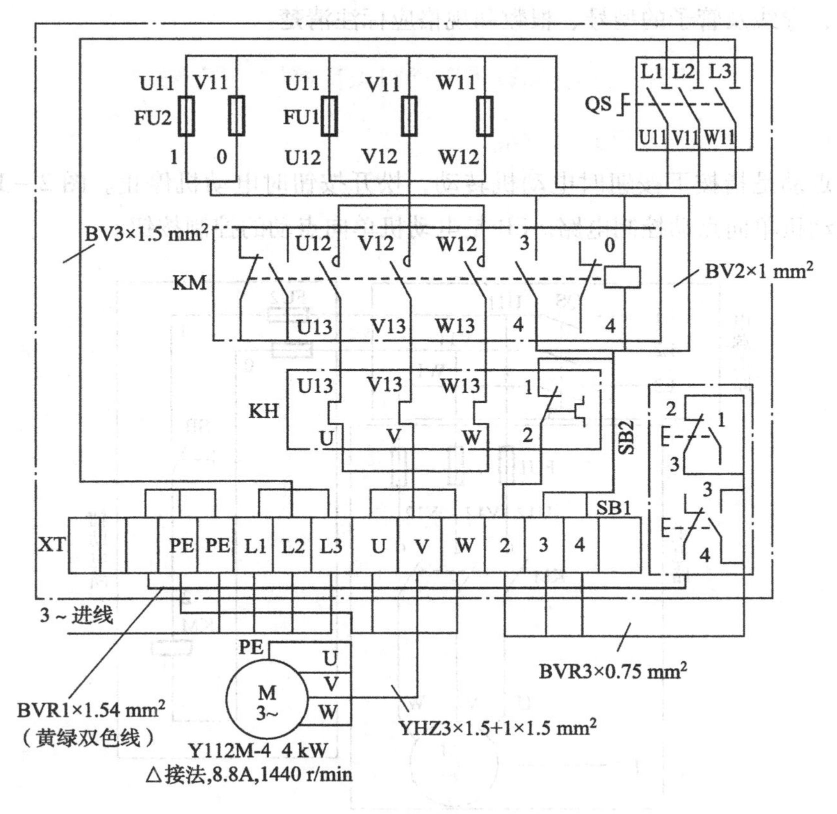

图 2－1－3　点动控制接线图

来表示电气设备和电器元件的位置、配线方式和接线方式，而不明显表示电气动作原理。其主要用于安装接线、线路的检查维修和故障处理等。

绘制、识读接线图应遵循以下原则：

（1）接线图中一般出示如下内容：电气设备和电器元件的相对位置、文字符号、端子号、导线号、导线类型、导线截面积、屏蔽等。

（2）所有的电气设备和电器元件都按其所在的实际位置绘制在图样上，且同一电器的各元件根据其实际结构，使用与电路图相同的图形符号画在一起，并用点画线框上，其文字符号以及接线端子的编号应与电路图中的标注一致，以便对照检查接线。

（3）接线图中的导线有单根导线、导线组（或线扎）和电缆等区别，可用连续线和中断线来表示。凡导线走向相同的可以合并，用线束来表示，到达接线端子板或电器元件的连接点时再分别画出。在用线束来表示导线组、电缆等时可用加粗的线条表示，在不引起误解的情况下也可采用部分加粗。

另外，导线及管子的型号、根数和规格应标注清楚。

资讯二　三相异步电动机点动控制工作原理

1. 电动机单向点动控制线路

点动是指按下按钮时电动机转动，松开按钮时电动机停止。图 2-1-4 为电动机单向点动控制电路。SB 是电动机单向点动的控制按钮。

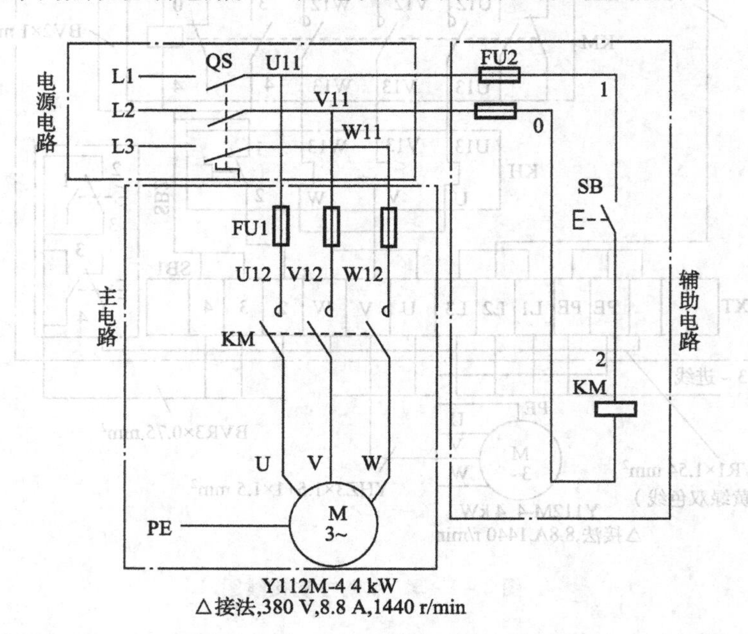

图 2-1-4　电动机单向点动控制电路图

2. 点动控制的操作及动作过程

点动控制的操作及动作过程如下：

首先合上电源开关 QS，接通主电路和控制电路的电源。

按下按钮 SB →SB 动合触头接通→接触器 KM 线圈通电→接触器 KM 主触头（动合）接通→电动机 M 通电启动并进入工作状态。

松开按钮 SB →SB 动合触头断开→接触器 KM 线圈断电→接触器 KM 主触头（动合）断开→电动机 M 断电并停止工作。

四、任务实施

1. 工具的准备

为完成工作任务，每个工作小组需要向仓库工作人员提供使用工具清单

(见表2-1-1)。

表2-1-1 使用工具清单

序号	名称	(型号、规格)	数量	备注
1				
2				
3				
4				
5				

2. 元器件的选择

为完成工作任务，每个工作小组需要向仓库工作人员提供领用元器件清单（见表2-1-2)。

表2-1-2 电器元件明细表

序号	代号	名称	(型号、规格)	数量	备注
1					
2					
3					
4					
5					

3. 安装与调试三相异步电动机的点动控制线路

（1）根据任务要求安装三相异步电动机的点动控制线路电器布置图。

（2）根据任务要求设计出安装与调试三相异步电动机的点动控制线路电气接线图。

（3）安装步骤及工艺要求

①逐个检验电气设备和元件的规格和质量是否合格。

②正确选配导线的规格、导线通道类型和数量、接线端子板型号等。

③在控制板上安装电器元件，并在各电器元件附近做好与电路图上相同代号的标记。

④按照控制板内布线的工艺要求进行布线和套编码套管。

⑤选择合理的导线走向，做好导线通道的支持准备，并安装控制板外部的所有电器。

⑥进行控制箱外部布线，并在导线线头上套装与电路图相同线号的编码套管。对于可移动的导线通道应放适当的余量，使金属软管在运动时不承受拉力，并按规定在通道内放好备用导线。

⑦检查电路的接线是否正确和接地通道是否具有连续性。

⑧检查热继电器的整定值是否符合要求。各级熔断器的熔体是否符合要求，如不符合要求应予以更换。

⑨检查电动机的安装是否牢固，与生产机械传动装置的连接是否可靠。

⑩检测电动机及线路的绝缘电阻，清理安装场地。

⑪点动和连续运行的控制线路电动机启动、转向是否符合要求。

4. 通电调试

（1）通电空转试验时，应认真观察各电器元件、线路。

（2）通电带负载试验时，应认真观察各电器元件、线路。

5. 注意事项

（1）不要漏接接地线。严禁采用金属软管作为接地通道。

（2）在导线通道内敷设的导线进行接线时，必须集中思想，做到查出一根导线，立即套上编码套管，接上后再进行复验。

（3）在安装、调试过程中，工具、仪表的使用应符合要求。

（4）通电操作时，必须严格遵守安全操作规程。

五、任务评价

1. 成果展示

各小组派代表上台总结完成任务的过程中掌握了哪些技能技巧、发现错误后如何改正，并用万用表检查更换熔体后的熔断器各部分接触是否良好。

2. 各小组对工作岗位的“7S”处理

在小组和教师都完成工作任务总结以后，各小组必须对自己的工作岗位进行“整理、整顿、清扫、清洁、安全、素养、节约”的7S处理；归还所借的工、量具和实习工件。

3. 评价表

完成表2－1－3。

表 2-1-3 安装、调试与检修三相异步电动机的点动控制线路评价表

<table>
<tr><td colspan="2">班级：________
小组：________
姓名：________</td><td colspan="5">指导教师：____________
日　期：____________</td></tr>
<tr><td rowspan="2">评价项目</td><td rowspan="2">评价标准</td><td rowspan="2">评价依据</td><td colspan="3">评价方式</td><td rowspan="2">小计</td></tr>
<tr><td>学生自评（20%）</td><td>小组互评（30%）</td><td>教师评价（50%）</td></tr>
<tr><td>职业素养</td><td>（1）遵守企业规章制度、劳动纪律。
（2）按时按质完成工作任务。
（3）积极主动承担工作任务，勤学好问。
（4）注意人身安全与设备安全。
（5）工作岗位 7S 完成情况</td><td>（1）出勤。
（2）工作态度。
（3）劳动纪律。
（4）团队协作精神</td><td></td><td></td><td></td><td></td></tr>
<tr><td>专业能力</td><td>（1）熟悉复合按钮 SB 的功能、基本结构、工作原理及型号意义，熟记图形符号和文字符号，学会正确识别、选用、安装和使用复合按钮。
（2）熟悉电力拖动线路的布线工艺，掌握按钮、接触器、熔断器、热继电器的安装接线方法。
（3）熟悉电动机控制线路的一般安装步骤。
（4）能根据控制要求设计电路原理图、电器元件布置图和电气接线图</td><td>（1）操作的准确性和规范性。
（2）工作页或项目技术总结完成情况。
（3）专业技能任务完成情况</td><td></td><td></td><td></td><td></td></tr>
<tr><td>创新能力</td><td>（1）在任务完成过程中能提出自己的见解和方案。
（2）在教学或生产管理上提出建议，具有创新性</td><td>（1）方案的可行性及意义。
（2）建议的可行性</td><td></td><td></td><td></td><td></td></tr>
<tr><td>合　计</td><td colspan="6"></td></tr>
</table>

六、任务拓展

请回答如何能使三相异步电动机改变转向。

要求：

（1）用文字叙述说明。

（2）设计出主电路图。

（3）有短路保护。

任务二　安装、调试与检修三相异步电动机的自锁正转控制线路

一、教学指引

教学步骤	教学方式
任务资讯	自学、查资料、互相讨论
任务讲解	重点讲述自锁的概念和热继电器的原理与应用
任务实施	导入情景，采取学生训练与教师示范、巡回指导相结合的方式
任务评价	采用学生自评、互评及教师评的方式

二、任务单

任务名称	安装、调试与检修三相异步电动机的自锁正转控制线路	实训设备	
小组成员			
任务要求	（1）掌握自锁正转控制线路原理、安装及调试和热继电器的原理与应用。 （2）能根据控制要求设计电路原理图、电器元件布置图和电气接线图。 （3）掌握电器元件安装步骤及工艺要求。 （4）能根据要求完成接触器自锁正转控制线路的安装并进行通电调试		

续表

任务名称	安装、调试与检修三相异步电动机的自锁正转控制线路	实训设备	
任务描述	在实际生产中，很多机械需要连续工作。如机床、通风机、建筑工地的搅拌罐，这些都需要采用电动机的正转连续控制线路来完成。在此项典型工作任务中，当合上电源开关 QS，按下启动按钮 SB1 时，线圈 KM 通电，其主触头和常开辅助触头均闭合，电动机 M 通电启动运转。当松开按钮 SB1 时，电动机 M 不会停转，因为这时接触器线圈 KM 可以通过并联在 SB1 两端已闭合的辅助触头 KM 继续维持通电，保证主触头 KM 仍处在接通状态，电动机 M 就不会失电，也就不会停转，当按下停止按钮 SB2 时，电动机 M 失电停转。 本任务通过教师在实训板上安装、调试的示教，学生根据教师所教边听边练，然后由学生独立操作，进行巩固练习。完成三相异步电动机的正转连续控制线路的安装调试学习		
任务目标	**知识目标：** （1）识读电路图、布置图、接线图的原则。 （2）说出三相异步电动机自锁正转控制线路的工作原理。 **能力目标（专业能力）：** （1）学会三相异步电动机自锁正转控制线路接线图的绘制。 （2）安装、调试、检修三相异步电动机自锁正转控制线路的安装工艺。 （3）会选择导线、整定电流。 （4）在生产中能灵活使用自锁正转控制线路。 **安全规范目标：** （1）处理好工作中已拆除的电线，以防止触电。 （2）带电试车前须检查无误后方能送电，且有指导老师监护。 （3）工作完毕后，按照现场管理规范清理场地、归置物品		

三、任务资讯

资讯一　单向运行保护环节

1. 短路保护（FU）

在电力拖动中的控制线路都具有短路保护功能，无论是主电路还是辅助电路，都串接着熔断器。而且这些熔断器也只能实现短路保护功能而不能实现过载保护和过电流保护功能。熔断器不能实现过载保护功能有两个原因，一方面是熔断器的规格必须根据电动机启动电流的大小来适当选择；另一方面是熔断器的熔断保护特性具有不可避免的滞后性和分散性。滞后性是指时间上的滞后，当流过熔断器的电流为其额定电流的1.6倍时，也需要一个小时以上才能熔断，这就造成了保护在时间上滞后。分散性是指性能的分散。

2. 欠压、失压保护（KM、KA）

由于某种原因电源电压降低到额定电压的85%及以下时，保证电源不被接通的措施叫欠压保护。通过这种保护措施，可以保证电动机或其他用电设备的安全使用。在具有接触器自锁的控制线路中，当电动机正常工作，电源电压降低到一定值时，使接触器线圈磁通减弱，电磁吸力不足，动铁芯在反作用弹簧的作用下释放，自锁触头断开，失去自锁，同时主触头也断开，使电动机停转，从而实现欠压保护。

运行中的用电设备或电动机，由于某种原因引起瞬时断电，当排除故障、恢复供电以后，使用电设备或电动机不能自行启动，用以保护设备和人身安全，这种保护措施叫失压保护。带有接触器自锁的控制线路就具有这种功能。

综上所述，具有接触器自锁环节的控制线路，本身都具有失压和欠压保护作用。

3. 过载保护（KH）

很多生产机械，因负载过大、操作频繁等原因，致使电动机定子绕组长时间流过较大的电流，这将会引起定子绕组过热，影响电动机的使用寿命，严重时甚至能烧坏电动机。因此，在电动机的控制电路中必须加上过载保护的环节。通常我们是在电路中设置热继电器来实现过载保护。

在实际情况下，通常为了提高热继电器对三相不平衡过载电流保护的灵敏度，在电动机的三相负荷线上都串接上热继电器的热元件。

资讯二　自　　锁

前面介绍接触器除了有3个常开的主触头外，还有若干个常开或常闭的辅助触头，它们和主触头一样，也是由衔铁的吸合与否来控制它们的开合的。这就是说，当接触器线圈得电之后，不但主触头会闭合，而且辅助的常开触头也会闭合，辅助常闭触头会断开，这样就为获得自锁长动电路提供了可能性。在辅助电路的动合启动按钮SB两端并联一个接触器的辅助动合触点，如图2-2-1所示。这种依靠接触器辅助动合触点而使接触器线圈自身保持得电的现象称为自锁或自保持。在启动按钮两端并联的辅助动合触点称为自锁触点。电动机的长动控制与点动控制的最大区别就在于有无自锁，点动控制是没有自锁的。

上述电路还存在着弊病，就是无法停止电动机的工作。如果在辅助电路上串接一个按钮 SB2 的常闭（动断）触头，就可以实现电动机的停止了。

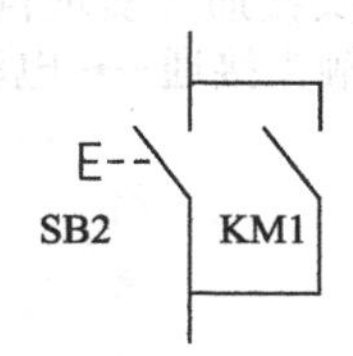

图 2 -2 -1　自锁控制

资讯三　自锁正转控制电路

1. 电路图

如图 2 -2 -2 所示，熔断器 FU1、FU2 分别作主电路和控制电路的短路保护用，接触器 KM 除控制电动机的启、停外，还作欠压和失压保护用。热继电器 KH，构成了具有过载保护的接触器自锁正转控制线路。该线路不但具有短路保护、欠压和失压保护作用，而且具有过载保护作用，在生产实际中获得广泛应用。

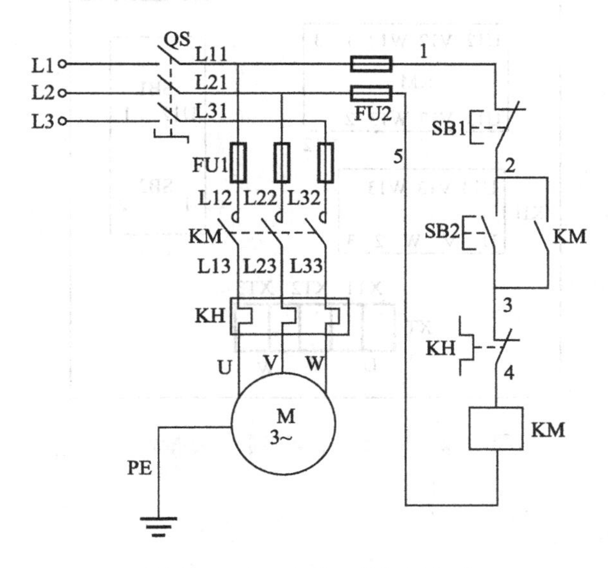

图 2 -2 -2　自锁正转控制线路

2. 电气原理

启动时：

按下按钮SB1→SB1动合触头接通→接触器KM线圈通电→接触器KM动合辅助触头接通（实现自保持）；→接触器KM（动合）主触头接通→电动机M通电启动并进入工作状态

停止时：

按下按钮SB2→SB2动断触头断开→接触器KM线圈断电→KM动合辅助触头断开（解除自保持）；→KM（动合）主触头断开→自动机M断电并停止工作

3. 自锁正转控制线路布置图

自锁正转控制线路布置图如图2－2－3所示。

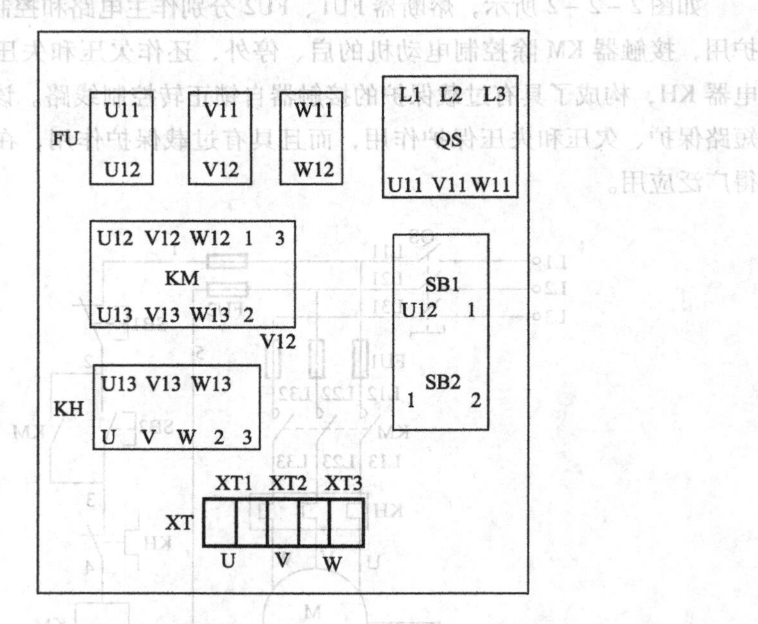

图2－2－3 自锁正转控制线路布置图

四、任务实施

1. 工具的准备

为完成工作任务，每个工作小组需要向仓库工作人员提供使用工具清单（见表2－2－1）。

表2-2-1 使用工具清单

序号	名称	（型号、规格）	数量	备注
1				
2				
3				
4				
5				

2. 元器件的选择

为完成工作任务，每个工作小组需要向仓库工作人员提供领用元器件清单（见表2-2-2）。

表2-2-2 电器元件明细表

序号	代号	名称	（型号、规格）	数量	备注
1					
2					
3					
4					
5					

3. 安装与调试三相电动机的自锁正转控制线路

1）设计要求

（1）根据控制要求设计一个电路原理图。

接触器自锁正转控制线路控制要求如下：

①电路由组合开关 QS（断路器 QF）、主电路熔断器 FU1、辅助电路熔断器 FU2、启动按钮 SB1、停止按钮 SB2、热继电器 KH、接触器 KM 和电动机 M 组成。

②电路中一台电动机由按钮及接触器实现自锁控制，实现电动机的连续运转控制。

③电动机用三相交流电源作为电源，电路有短路保护、过载保护功能。

（2）根据任务要求设计出安装与调试三相电动机自锁正转控制线路电器布置图。

（3）根据任务要求设计出安装与调试三相电动机的自锁正转控制线路电

气接线图。

2）安装步骤及工艺要求

（1）逐个检验电气设备和元件的规格和质量是否合格。

（2）正确选配导线的规格、导线通道类型和数量、接线端子板型号等。

（3）在控制板上安装电器元件，并在各电器元件附近做好与电路图上相同代号的标记。

（4）按照控制板内布线的工艺要求进行布线和套编码套管。

（5）选择合理的导线走向，做好导线通道的支持准备，并安装控制板外部的所有电器。

（6）进行控制箱外部布线，并在导线线头上套装与电路图相同线号的编码套管。对于可移动的导线通道应放适当的余量，使金属软管在运动时不承受拉力，并按规定在通道内放好备用导线。

（7）检查电路的接线是否正确和接地通道是否具有连续性。

（8）检查热继电器的整定值是否符合要求。各级熔断器的熔体是否符合要求，如不符合要求应予以更换。

（9）检查电动机的安装是否牢固，与生产机械传动装置的连接是否可靠。

（10）检测电动机及线路的绝缘电阻，清理安装场地。

（11）点动自锁控制电动机启动、转向是否符合要求。

3）通电调试

（1）通电空转试验时，应认真观察各电器元件、线路。

（2）通电带负载试验时，应认真观察各电器元件、线路。

4）注意事项

（1）不要漏接接地线。严禁采用金属软管作为接地通道。

（2）在导线通道内敷设的导线进行接线时，必须集中思想，做到查出一根导线，立即套上编码套管，接上后再进行复验。

（3）在安装、调试过程中，工具、仪表的使用应符合要求。

（4）通电操作时，必须严格遵守安全操作规程。

五、任务评价

1. 成果展示

各小组派代表上台总结完成任务的过程中掌握了哪些技能技巧、发现错误后如何改正，并展示已接好的电路，通电试验，观察电动机的转动情况。

2. 各小组对工作岗位的“7S”处理

在小组和教师都完成工作任务总结以后，各小组必须对自己的工作岗位进行“整理、整顿、清扫、清洁、安全、素养、节约”的7S处理；归还所借的工、量具和实习工件。

3. 评价表

完成表2－2－3。

表2－2－3 安装、调试与检修三相异步电动机的自锁正转控制线路评价表

班级：＿＿＿＿ 小组：＿＿＿＿ 姓名：＿＿＿＿		指导教师：＿＿＿＿ 日　期：＿＿＿＿				
评价项目	评价标准	评价依据	评价方式			小计
			学生自评（20%）	小组互评（30%）	教师评价（50%）	
职业素养	（1）遵守企业规章制度、劳动纪律。 （2）按时按质完成工作任务。 （3）积极主动承担工作任务，勤学好问。 （4）注意人身安全与设备安全。 （5）工作岗位7S完成情况	（1）出勤。 （2）工作态度。 （3）劳动纪律。 （4）团队协作精神				
专业能力	（1）熟悉按钮和接触器的功能、基本结构、工作原理及型号意义，熟记它们的图形符号和文字符号，学会正确识别、选用、安装、使用按钮和接触器。 （2）掌握自锁正转控制线路的布线工艺，掌握按钮、接触器、熔断器的安装接线方法。 （3）熟悉电动机控制线路的安装步骤。 （4）能根据控制要求设计电路原理图、电器元件布置图和电气接线图	（1）操作的准确性和规范性。 （2）工作页或项目技术总结完成情况。 （3）专业技能任务完成情况				

续表

班级：______ 小组：______ 姓名：______		指导教师：______ 日　期：______				
评价项目	评价标准	评价依据	评价方式			小计
			学生自评（20%）	小组互评（30%）	教师评价（50%）	
创新能力	（1）在任务完成过程中能提出自己的见解和方案。 （2）在教学或生产管理上提出建议，具有创新性	（1）方案的可行性及意义。 （2）建议的可行性				
合　计						

六、任务拓展

试为某生产机械设计电动机的电气控制线路，画出电气原理图。

要求如下：

（1）既能点控制又能连续控制。

（2）有短路、过载、失压和欠压保护作用。

任务三　安装、调试与检修三相异步电动机的点动与连续混合正转的控制线路

一、教学指引

教学步骤	教学方式
任务资讯	自学、查资料、互相讨论
任务讲解	重点讲述点动与连续控制线路的工作原理、安装及调试的知识
任务实施	导入情景，采取学生训练与教师示范、巡回指导相结合的方式
任务评价	采用学生自评、互评及教师评的方式

二、任务单

<table>
<tr><td>任务名称</td><td>安装、调试与检修三相异步电动机的点动与连续混合正转的控制线路</td><td>实训设备</td><td></td></tr>
<tr><td>小组成员</td><td colspan="3"></td></tr>
<tr><td>任务要求</td><td colspan="3">（1）掌握点动与连续控制的概念，完成点动与连续混合正转控制线路的安装。
（2）能根据控制要求设计电路原理图、电器元件布置图和电气接线图。
（3）掌握电器元件安装步骤及工艺要求。
（4）能根据控制要求完成点动与连续混合正转控制线路的安装接线并进行通电调试</td></tr>
<tr><td>任务描述</td><td colspan="3">在典型工作任务中主要使学生掌握安装点动和连续混合正转的控制线路，实现机电需要在不同时段点动或连续正转控制功能。根据控制要求设计安装电路，当按下 SB1 时，电动机 M 为连续正转控制；当按下停止按钮 SB3 时，电动机 M 失电停转；当按下 SB2 时，电动机 M 为点动控制</td></tr>
<tr><td>任务目标</td><td colspan="3">知识目标：
（1）识读电路图、布置图、接线图的原则。
（2）说出三相异步电动机点动与连续混合正转的工作原理。
能力目标（专业能力）：
（1）学会正确识别、选用、安装、使用按钮开关，熟悉它们的功能、基本结构、工作原理及型号意义，熟记它们的图形符号和文字符号。
（2）学会电路检修及故障排除的方法，巩固绘制并识读电气控制线路的电路原理图、电气接线图和电器元件布置图。
（3）熟悉电动机控制线路的一般安装步骤，学会安装点动与连续混合控制线路。
（4）各小组发挥团队合作精神，学会点动与连续混合正转控制线路的安装步骤、实施和成果评估。
安全规范目标：
（1）处理好工作中已拆除的电线，以防止触电。
（2）带电试车前须检查无误后方能送电，且有指导老师监护。
（3）工作完毕后，按照现场管理规范清理场地、归置物品</td></tr>
</table>

三、任务资讯

资讯一　电动机控制线路故障检修步骤和方法

1. 电气控制线路故障的检修步骤

（1）找出故障现象（问、闻、听、摸）。

（2）根据故障现象依据原理图找到故障发生的部位或故障发生的回路，并尽可能地缩小故障范围。

（3）根据故障部位或回路找出故障点。

（4）根据故障点的不同情况，采用正确的检修方法排除故障。

（5）通电空载校验或局部空载校验。

（6）正常运行。

在以上检修步骤中，找出故障点是检修工作的难点和重点。在寻找故障点时，首先应该分清发生故障的原因是属于电气故障还是机械故障；同时还要分清故障原因是属于电气线路故障还是电器元件的机械结构故障等。

2. 电气控制线路故障的检查和分析方法

常用的电气控制线路故障的检查和分析方法有：调查研究法、试验法、逻辑分析法和测量法等几种。在一般情况下，调查研究法能帮助我们找出故障现象；实验法不仅能找出故障现象，而且还能找到故障部位或故障回路；逻辑分析法是缩小故障范围的有效方法；测量法是找出故障点的基本、可靠和有效的方法。在检查和分析故障时，并不是仅采用一种方法就能找出故障点，而是往往需要用几种方法同时进行才能迅速找出故障点。现将几种故障的检查和分析方法分述如下。

1）调查研究法

调查研究法主要是通过询问设备操作工人，了解故障未发生前的一些现象及引起的原因，操作是否恰当；看有无由于故障引起明显的外观征兆；听设备各电器元件在运行时的声音与正常运行时有无明显差异；摸电气发热元件及线路的温度是否正常等。

为确保人员和设备的安全，在听电气设备运行声音是否正常而需要通电时，应以不损坏设备和扩大故障范围为前提。在摸靠近传动装置的电器元件和容易发生触电事故的故障部位时，必须在切断电源后进行。

2）试验法

在不损坏电气和机械设备的条件下，可通电进行试验法。通电试验一般可先进行点动试验各控制环节的动作程序，若发现某一电器动作不符合要求，即说明故障范围在与此电器有关的电路中。然后在这部分故障电路中进一步检查，便可找出故障点。

在采用试验法检查时，可以采用暂时切除部分电路（如主电路）的试验方法，来检查各控制环节的动作是否正常。但必须注意不要随意用外力使接触器或继电器动作，以防引起事故。

3）逻辑分析法

逻辑分析法是根据电气控制线路工作原理、控制环节的动作程序以及它们之间的联系，结合故障现象做具体的分析，迅速地缩小检查范围，然后判断故障所在。

4）测量法

测量法是利用校验灯、试电笔、万用表、蜂鸣器、示波器等对线路进行带电或断电测量，是找出故障点的有效方法。

在平时的测量方法中，最常用的有下面几种测量方法：

（1）电压分段测量法：首先把万用表的转换开关置于交流电压 500 V 的挡位上，根据各点之间的电压值来判断其通路还是断路。

（2）电阻分段测量法：测量检查时，首先切断电源，然后把万用表的转换开关置于适当的电阻挡，并逐步测量相邻符号点之间的电阻。如果测得某两点间的电阻值很大（∞），即说明该两点间接触不良或导线断路。

（3）短接法：机床电气设备的常见故障为断路故障，如导线断路、虚线、虚焊、触头接触不良、熔断器熔断等。对这类故障，除用电压法和电阻法检查外，还有一种更为可靠的方法，就是短接法。检查时，用一根绝缘良好的导线，将所怀疑的断路部位短接，若短接到某处电路接通，则说明该处断路。短接法的另一个作用是可以把故障点缩小到一个较小的范围。

5）修复及注意事项

当找出电气设备的故障点后，就要着手进行修复、试运转、记录等，然后交付使用，但必须注意以下事项：

（1）在找出故障点和修复故障时，应注意不能把找出的故障点作为寻找故障点的终点，还必须进一步分析查明产生故障的根本原因。

（2）故障后，一定要针对不同故障情况和部位相应采取正确的修复方法，不要轻易采用更换电器元件和补线等方法，更不允许轻易改动线路或更换规格不同的电器元件，防止产生人为故障。

(3) 故障点的修理工作中，一般情况下应尽量做到复原。但是，有时为了尽快恢复工业机械的正常运行，根据实际情况也允许采取一些适当的应急措施，但绝不可凑合行事。

(4) 电气故障修复完毕，需要通电试行时，应和操作者配合，避免出现新的故障。

(5) 每次排除故障后，应及时总结经验，并做好维修记录。

总之，电动机控制线路的故障不是千篇一律的，即使同一种故障现象，发生的部位也并不一定相同，所以在采用故障检修的一般步骤和方法时，不要生搬硬套，而应按不同的故障情况灵活处理，力求迅速准确地找出故障点，判明故障原因，及时正确排除故障。

在实际检修工作中，应做到每次排除故障后，及时总结经验，并做好检修记录，作为档案以备日后维修时参考，并要通过对历次故障的分析和检修，采取积极有效的措施，防止再次发生类似的故障。

资讯二　点动与连续混合正转控制线路

机床设备在正常工作时，一般需要电动机处在连续工作状态，但在试车或调整刀具与工件的相对位置时，又需要电动机能点动控制，实现这个工艺要求的线路是连续与点动混合正转控制线路。

1. 电路图

如图 2-3-1 所示，熔断器 FU1、FU2 分别作主电路和控制电路的短路保护用，接触器 KM 除控制电动机的启、停外，还作欠压和失压保护用。热继电器 KH，构成了具有过载保护的接触器自锁正转控制线路。该线路不但具有短路保护、欠压和失压保护作用，而且具有过载保护作用，在生产实际中获得广泛应用。在自锁正转控制线路的基础上，增加了一个复合按钮 SB3，来实现连续与点动混合正转控制的，SB3 的常闭触头应与 KM 自锁触头串联。

2. 电气原理

1）连续控制

首先合上电源开关 QS。

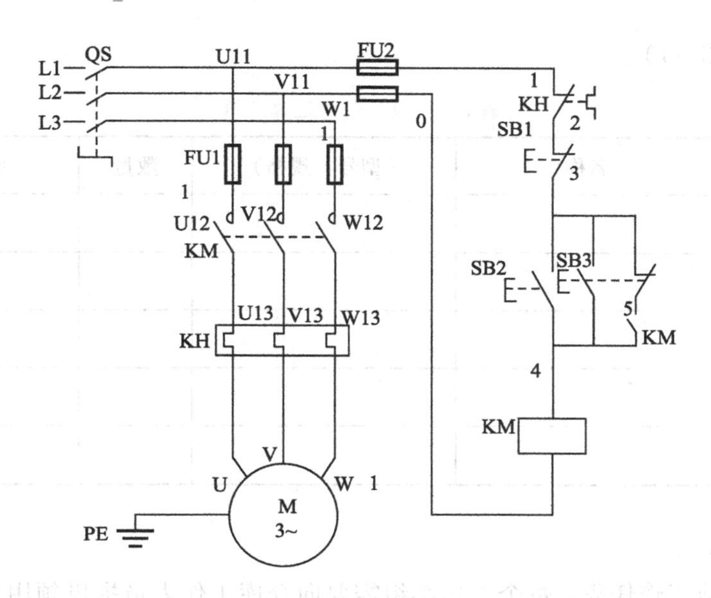

图 2－3－1　点动与连续运转控制线路

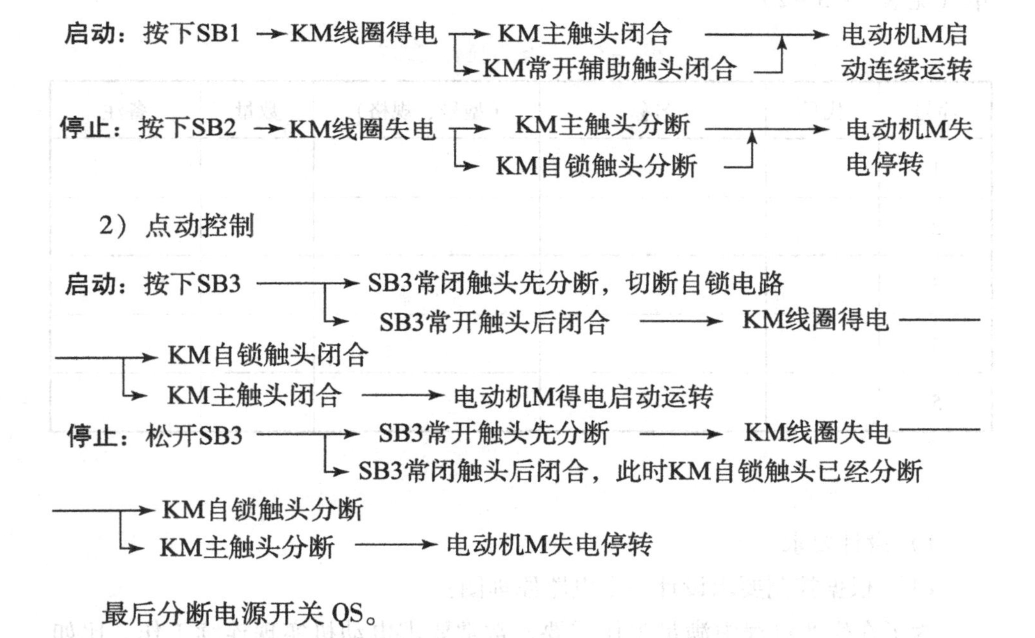

最后分断电源开关 QS。

四、任务实施

1. 工具的准备

为完成工作任务，每个工作小组需要向仓库工作人员提供使用工具清单

（见表2－3－1）。

表2－3－1 使用工具清单

序号	名称	（型号、规格）	数量	备注
1				
2				
3				
4				
5				

2. 元器件的选择

为完成工作任务，每个工作小组需要向仓库工作人员提供领用元器件清单（见表2－3－2）。

表2－3－2 电器元件明细表

序号	代号	名称	（型号、规格）	数量	备注
1					
2					
3					
4					
5					

3. 安装与调试三相电动机点动和连续混合正转控制线路

1）设计要求

（1）根据控制要求设计一个电路原理图：

为了在生产过程中满足工作需要，常常要求电动机实现连续工作。比如机床的加工工件与进给、起重机的上升/下降过程等，均有点动与连续工作特点的控制线路。其控制要求如下：

①电路由组合开关QS（断路器QF）、主电路熔断器FU1、辅助电路熔断器FU2、连续启动按钮SB1、点动按钮SB2、停止按钮SB3、热继电器KH、

接触器 KM 和电动机 M 组成。

②电路中一台电动机由按钮及接触器实现自锁控制，实现电动机的连续运转控制。

③电动机用三相交流电源作为电源，电路有短路保护、过载保护功能。

（2）根据任务要求设计出安装与调试三相电动机点动和连续运行控制线路电器布置图。

（3）根据任务要求设计出安装与调试三相电动机的点动和连续运行控制线路电气接线图。

2）安装步骤及工艺要求

（1）逐个检验电气设备和元件的规格和质量是否合格。

（2）正确选配导线的规格、导线通道类型和数量、接线端子板型号等。

（3）在控制板上安装电器元件，并在各电器元件附近做好与电路图上相同代号的标记。

（4）按照控制板内布线的工艺要求进行布线和套编码套管。

（5）选择合理的导线走向，做好导线通道的支持准备，并安装控制板外部的所有电器。

（6）进行控制箱外部布线，并在导线线头上套装与电路图相同线号的编码套管。对于可移动的导线通道应放适当的余量，使金属软管在运动时不承受拉力，并按规定在通道内放好备用导线。

（7）检查电路的接线是否正确和接地通道是否具有连续性。

（8）检查热继电器的整定值是否符合要求。各级熔断器的熔体是否符合要求，如不符合要求应予以更换。

（9）检查电动机的安装是否牢固，与生产机械传动装置的连接是否可靠。

（10）检测电动机及线路的绝缘电阻，清理安装场地。

（11）点动和连续运行的控制线路电动机启动、转向是否符合要求。

3）通电调试

（1）通电空转试验时，应认真观察各电器元件、线路。

（2）通电带负载试验时，应认真观察各电器元件、线路。

4）注意事项

（1）不要漏接接地线。严禁采用金属软管作为接地通道。

（2）在导线通道内敷设的导线进行接线时，必须集中思想，做到查出一根导线，立即套上编码套管，接上后再进行复验。

（3）在安装、调试过程中，工具、仪表的使用应符合要求。

（4）通电操作时，必须严格遵守安全操作规程。

五、任务评价

1. 成果展示

各小组派代表上台总结完成任务的过程中掌握了哪些技能技巧、发现错误后如何改正，并展示已接好的电路，通电试验，观察电动机的转动情况。

2. 各小组对工作岗位的“7S”处理

在小组和教师都完成工作任务总结以后，各小组必须对自己的工作岗位进行“整理、整顿、清扫、清洁、安全、素养、节约”的7S处理；归还所借的工、量具和实习工件。

3. 评价表

完成表2－3－3。

表2－3－3　安装、调试与检修三相异步电动机的点动与连续混合正转的控制线路评价表

班级：______ 小组：______ 姓名：______		指导教师：______ 日　期：______				
评价项目	评价标准	评价依据	评价方式			小计
			学生自评（20%）	小组互评（30%）	教师评价（50%）	
职业素养	（1）遵守企业规章制度、劳动纪律。 （2）按时按质完成工作任务。 （3）积极主动承担工作任务，勤学好问。 （4）注意人身安全与设备安全。 （5）工作岗位7S完成情况	（1）出勤。 （2）工作态度。 （3）劳动纪律。 （4）团队协作精神				

续表

<table>
<tr><td colspan="3">班级：________
小组：________
姓名：________</td><td colspan="5">指导教师：________
日　期：________</td></tr>
<tr><td rowspan="2">评价项目</td><td rowspan="2">评价标准</td><td rowspan="2">评价依据</td><td colspan="3">评价方式</td><td rowspan="2">小计</td></tr>
<tr><td>学生自评（20%）</td><td>小组互评（30%）</td><td>教师评价（50%）</td></tr>
<tr><td>专业能力</td><td>（1）熟悉复合按钮SB的功能、基本结构、工作原理及型号意义，熟记图形符号和文字符号，学会正确识别、选用、安装、使用复合按钮。
（2）熟悉三相异步电动机的点动与连续混合正转控制线路的布线工艺，掌握按钮、接触器、熔断器、热继电器的安装接线方法。
（3）熟悉电动机控制线路的一般安装步骤。
（4）能根据控制要求设计电路原理图、电器元件布置图和电气接线图</td><td>（1）操作的准确性和规范性。
（2）工作页或项目技术总结完成情况。
（3）专业技能任务完成情况</td><td></td><td></td><td></td><td></td></tr>
<tr><td>创新能力</td><td>（1）在任务完成过程中能提出自己的见解和方案。
（2）在教学或生产管理上提出建议，具有创新性</td><td>（1）方案的可行性及意义。
（2）建议的可行性</td><td></td><td></td><td></td><td></td></tr>
<tr><td>合　计</td><td colspan="6"></td></tr>
</table>

六、任务拓展

请回答如何能使三相异步电动机改变转向。

要求：

（1）用文字叙述说明。

（2）设计出主电路图。

（3）有短路保护。

任务四 安装、调试与检修三相异步电动机的正反转控制线路

一、教学指引

教学步骤	教学方式
任务资讯	自学、查资料、互相讨论
任务讲解	重点讲述电动机正反向运转的原理及安装检测
任务实施	导入情景，采取学生训练与教师示范、巡回指导相结合的方式
任务评价	采用学生自评、互评及教师评的方式

二、任务单

任务名称	安装、调试与检修三相异步电动机的正反转控制线路	实训设备	
小组成员			
任务要求	（1）熟悉复合按钮 SB 和接触器 KM 的动断触头及动合触头的功能、基本结构、动作原理，熟记它们的图形符号和文字符号，学会正确识别、使用复合按钮 SB 及接触器的动断触头和动合触头。 （2）巩固电动机的转动原理知识，掌握电动机正反向运转的原理。 （3）掌握联锁的概念，能熟练运用接触器、按钮的触头，实现电气联锁功能，复习巩固点动、自锁的概念。 （4）熟悉电动机控制线路的一般安装步骤，能根据控制要求设计电路原理图。 （5）掌握电动机正反转控制电路常见故障识别及排除方法		

续表

任务名称	安装、调试与检修三相异步电动机的正反转控制线路	实训设备	
任务描述	在实际生产中，很多生产机械需要满足运动部件向正、反两个方向运动。如塔式起重机吊钩的上升与下降，小车的前进与后退；建筑工地的卷扬机上、下起吊重物；机床工作台需要前进与后退。这些都需要采用电动机的正反转控制线路来完成。 根据控制要求设计安装电路：①当按下SB1时，电动机M为连续正转控制，当按下停止按钮SB3时，电动机M失电停转；当按下SB2，电动机M为反向得电连续运转，当按下停止按钮SB3时，电动机M失电停转；当电动机得电时，按下正转SB1（或反转SB2）按钮，均不改变转向。②掌握电器元件的安装布置要点，合理布置和安装电器元件。③根据电气原理图进行布线，安装检测完成后通电试车。④请结合线路的工作过程，讲述/分析电路工作原理。 学生接到本任务后，应根据任务要求，准备工具和仪器仪表，做好工作现场准备，严格遵守作业规范进行施工，线路安装完毕后进行调试，填写相关表格并交检测指导教师验收。按照现场管理规范清理场地、归置物品		
任务目标	**知识目标：** （1）掌握识读三相异步电动机正反转控制电路图、布置图、接线图的原则。 （2）掌握三相异步电动机正反转控制线路的工作原理。 **技能目标：** （1）学会正确识别、选用、安装、使用按钮与接触器，熟悉它们的功能、基本结构、工作原理及型号意义，熟记它们的图形符号和文字符号。 （2）学习绘制并识读电气控制线路的电路图、接线图和布置图。 （3）熟悉电动机控制线路的一般安装步骤，学会安装正反转控制线路。 **安全规范目标：** （1）处理好工作中已拆除的电线，以防止触电。 （2）带电试车前须检查无误后方能送电，且有指导老师监护。 （3）工作完毕后，按照现场管理规范清理场地、归置物品		

三、任务资讯

资讯一　联锁的概念

在电动机的正反转控制电路中，若KM1、KM2同时得电，将会导致相间短路的严重后果，要采用联锁控制线路来避免这种相间短路故障。

接触器联锁的正反转控制线路中，采用了两个接触器，即正转用的是KM1和反转用的是KM2，它们分别由正转按钮SB2和反转按钮SB3控制，必须指出，接触器KM1和KM2的主触头绝不允许同时闭合，否则将造成两相电源短路事故，为了避免两个接触器 KM1 和 KM2 同时得电动作，就在正反转控制电路中分别串接了对方接触器的一对常闭触头，这样，当一个接触器得电动作时，通过其常闭辅助触头使另一个接触器不能得电动作，接触器间这种相互制约的作用叫接触器联锁。

按钮联锁的正反转控制线路中，虚线相连的两个按钮是指一个按钮的两组触点（常开和常闭），即按这个按钮时两组触点同时工作，常开的一组触点在闭合的同时，常闭的一组触点变为常开。因为互锁，两个按钮在图纸上出现交叉的虚线，实现联锁作用的常闭辅助触头称为联锁触头。

资讯二　使电动机反转的接线方法

当改变通入电动机定子绕组的三相电源相序，即把接入电动机电源电线中的任意两相对调接线时，等效于接入反向的旋转牵引磁场，电动机就可以反转。

用倒顺开关正反转控制线路：

我们可以在电路中串接一个双投刀开关来解决上述改变定子绕组相序的问题，但它的正反转操作性能明显还不足。所以我们经常在电路中安装一个倒顺开关来实现电动机的正反转。倒顺开关有时也称作可逆转换开关。它是一种通过手动操作，不但能接通和分断电源，而且也可以改变电源输入相序的开关，如图 2－4－1 所示。因此它具备对电动机进行正反转控制的功能，但所控制电动机的容量一般要小于 5 kW。

资讯三　常用的电动机正反转控制线路

为了使电动机能够正转和反转，可采用两只接触器 KM1、KM2 换接电动机三相电源的相序，但两个接触器不能吸合，如果同时吸合将造成电源的短路事故，为了防止这种事故，在电路中应采取可靠的互锁，采用按钮和接触器双重互锁的电动机正、反两方向运行的控制电路。

1. 接触器联锁正反转控制

1）电路原理图

接触器联锁的正反转控制线路如图 2－4－2 所示，图中 KM1 主触头闭合、KM2 主触头断开时，电动机正转；KM2 主触头闭合、KM1 主触头断开时，电动机反转。若 KM1、KM2 同时闭合，则 L1、L3 两相电源造成短路事故。为了避免 KM1、KM2 两个接触器同时得电动作，在控制正、反转电路中分别串接了对方接触器的一对常闭辅助触头，这样就能保证一个接触器得电动作后，

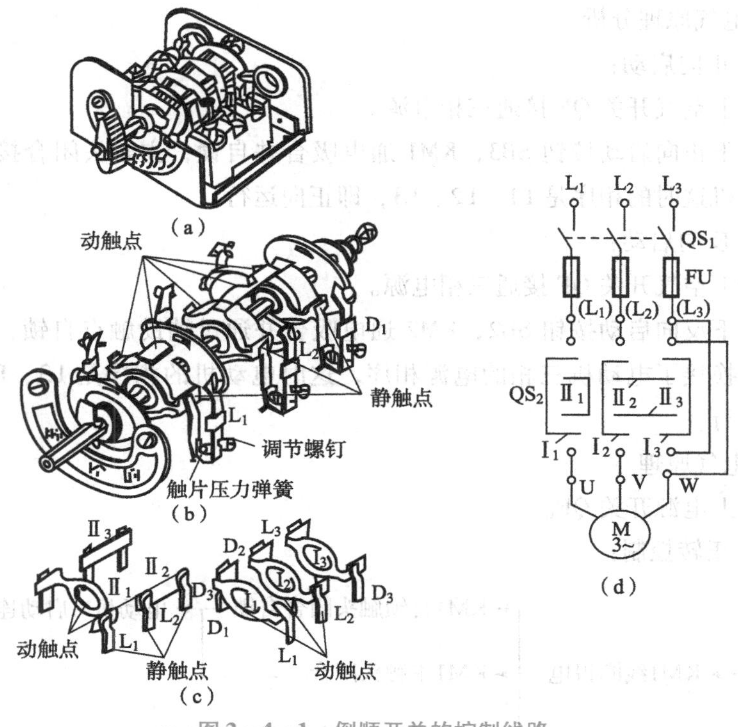

图 2-4-1 倒顺开关的控制线路

(a) 外形；(b) 结构；(c) 触头；(d) 控制电路

另一个接触器无法得电动作，这种相互制约的作用叫作接触器联锁。

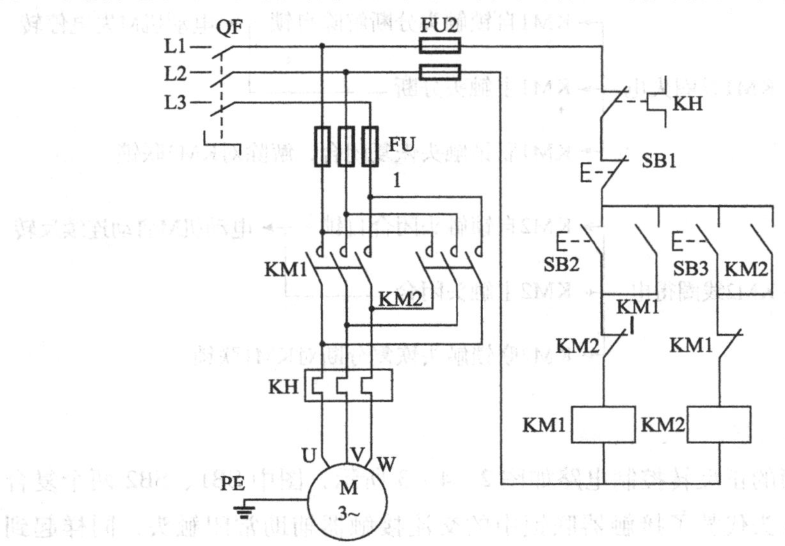

图 2-4-2 接触器联锁正反转控制

2）电气原理分析

（1）正向启动：

①合上空气开关 QF 接通三相电源。

②按下正向启动按钮 SB3，KM1 通电吸合并自锁，主触头闭合接通电动机，电动机这时的相序是 L1、L2、L3，即正向运行。

（2）反向启动：

①合上空气开关 QF 接通三相电源。

②按下反向启动按钮 SB2，KM2 通电吸合并通过辅助触点自锁，常开主触头闭合换接了电动机三相的电源相序，这时电动机的相序是 L3、L2、L1，即反向运行。

3）电气原理

先合上电源开关 QF。

（1）正转控制：

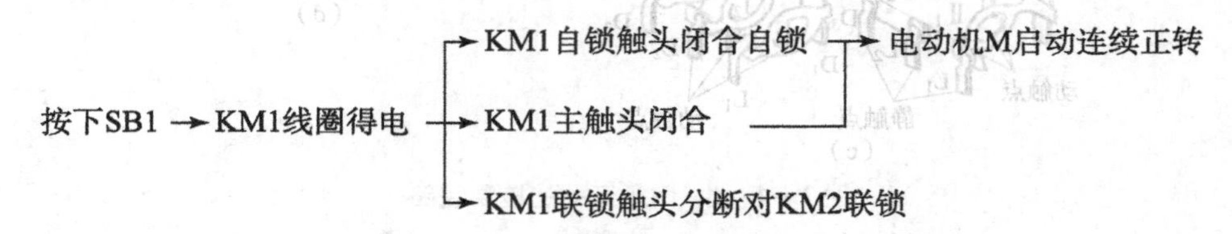

（2）反转控制：

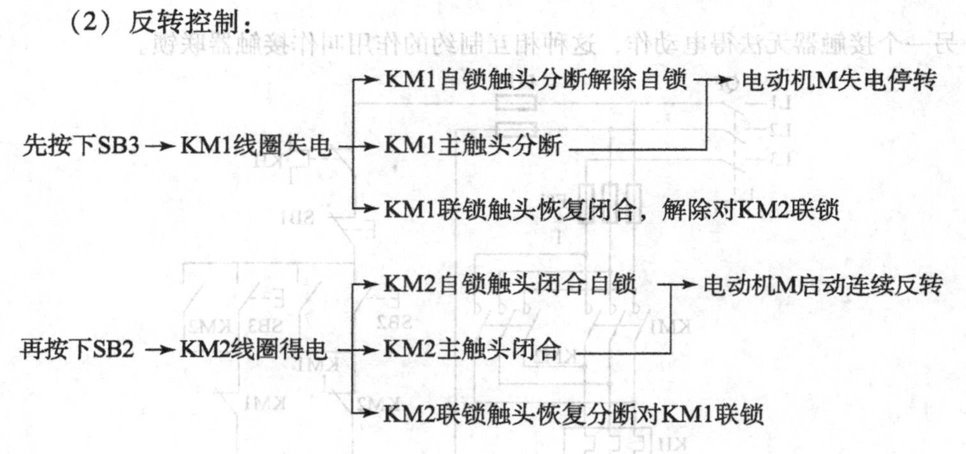

2. 按钮联锁的正反转电路

按钮联锁的正反转控制电路如图 2－4－3 所示，图中 SB1、SB2 两个复合按钮的常闭触头代替了接触器联锁中的交流接触器辅助常闭触头，同样起到联锁的作用。按钮联锁正反转控制线路的工作原理与接触器正反转控制线路的工作原理基本相同，但由于采用了复合按钮，在电动机正转过程中，欲反转时，按下反转按钮 SB2 就可以先断开 KM1 线圈，后接通 KM2 线圈，达到使电动机反转的目的。

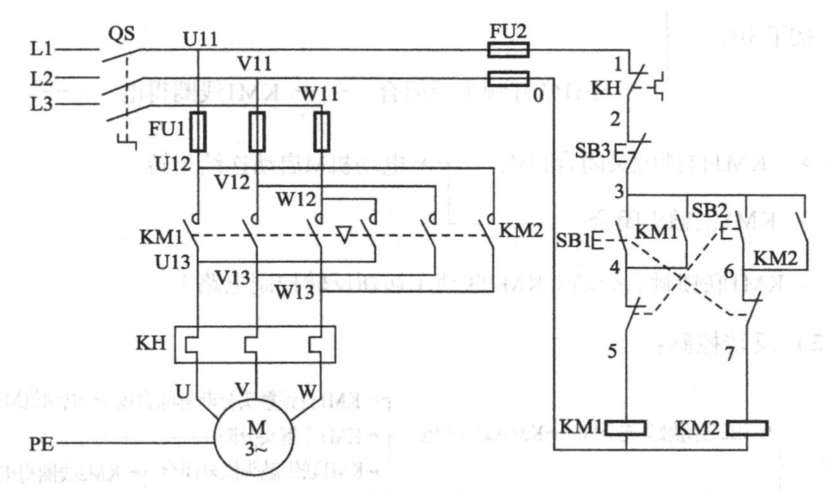

图 2－4－3 按钮联锁正反转电路

3. 按钮、接触器双重联锁的正反转控制电路

1）电路原理图

按钮、接触器双重联锁的正反转控制线路如图 2－4－4 所示。该线路具有前两种联锁线路的优点，操作方便，工作安全可靠。

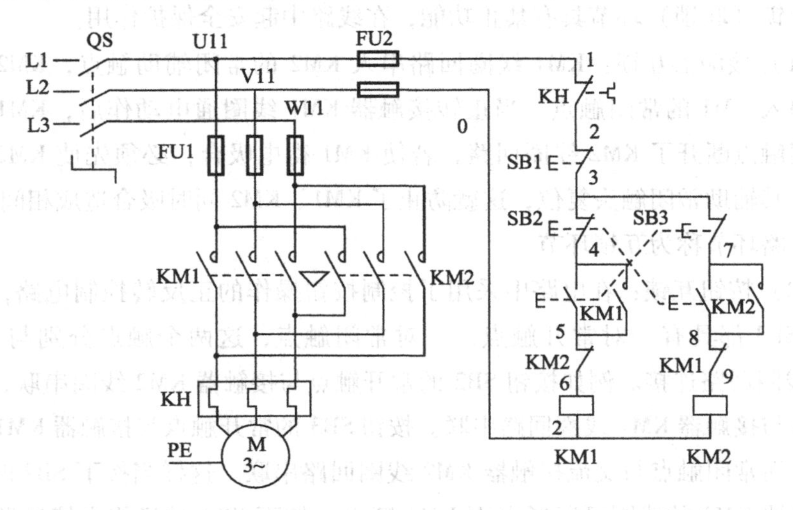

图 2－4－4 按钮、接触器双重联锁控制线路

2）电气原理

（1）正转控制：

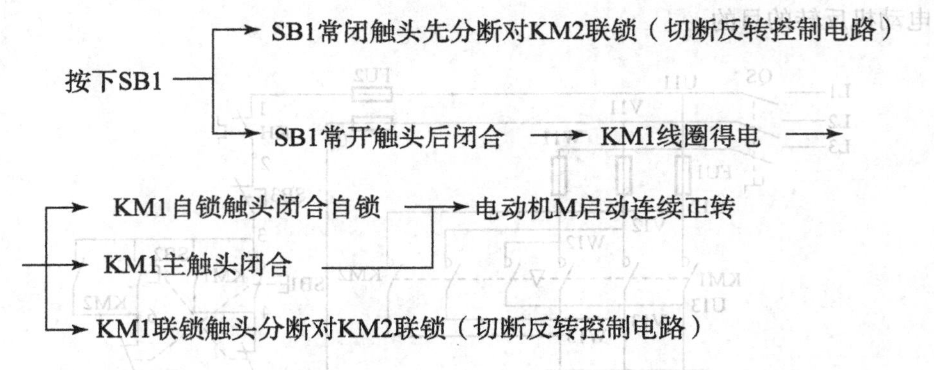

（2）反转控制：

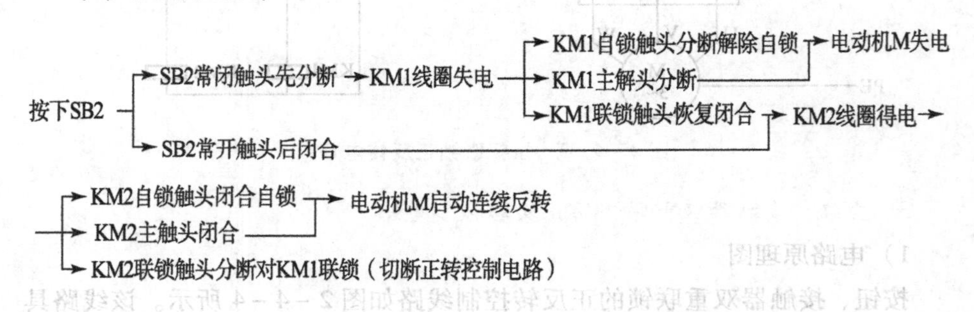

4. 互锁环节

互锁（联锁）环节具有禁止功能，在线路中起安全保护作用。

（1）接触器互锁：KM1 线圈回路串入 KM2 的常闭辅助触点，KM2 线圈回路串入 KM1 的常闭触点。当正转接触器 KM1 线圈通电动作后，KM1 的辅助常闭触点断开了 KM2 线圈回路，若使 KM1 得电吸合，必须先使 KM2 断电释放，其辅助常闭触头复位，这就防止了 KM1、KM2 同时吸合造成相间短路，这一线路环节称为互锁环节。

（2）按钮互锁：在电路中采用了控制按钮操作的正反转控制电路，按钮 SB2、SB3 都具有一对常开触点，一对常闭触点，这两个触点分别与 KM1、KM2 线圈回路连接。例如按钮 SB2 的常开触点与接触器 KM2 线圈串联，而常闭触点与接触器 KM1 线圈回路串联。按钮 SB3 的常开触点与接触器 KM1 线圈串联，而常闭触点与交流接触器 KM2 线圈回路串联。这样当按下 SB2 时只能有接触器 KM2 的线圈可以通电而 KM1 断电，按下 SB3 时只能有接触器 KM1 的线圈可以通电而 KM2 断电，如果同时按下 SB2 和 SB3 则两只接触器线圈都不能通电。这样就起到了互锁的作用。

(3) 电动机正向（或反向）启动运转后，不必先按停止按钮使电动机停止，可以直接按反向（或正向）启动按钮，使电动机变为反方向运行。

(4) 电动机的过载保护由热继电器 FR 完成。

四、任务实施

1. 工具的准备

为完成工作任务，每个工作小组需要向仓库工作人员提供使用工具清单（见表 2-4-1）。

表 2-4-1 使用工具清单

序号	名称	（型号、规格）	数量	备注
1				
2				
3				
4				
5				

2. 元器件的选择

为完成工作任务，每个工作小组需要向仓库工作人员提供领用元器件清单（见表 2-4-2）。

表 2-4-2 电器元件明细表

序号	代号	名称	（型号、规格）	数量	备注
1					
2					
3					
4					
5					

3. 安装与调试三相电动机的正反转控制线路

1）设计要求

(1) 根据控制要求设计一个电路原理图。

为了在生产过程中满足工作需要，常常要电动机实现正转、反转的连续工作。比如机床的加工工件、学校电动门的打开/关闭过程或者电梯的上升/

下降过程等。这种连续工作特点的控制线路即为正反转控制线路。

接触器自锁正转控制线路控制要求如下：

①电路由组合开关QS（断路器QF）、主电路熔断器FU1、辅助电路熔断器FU2、正转启动按钮SB1、反转启动按钮SB2、停止按钮SB3、热继电器KH、接触器KM1、KM2和电动机M组成。

②电路中一台电动机由按钮及接触器实现双重联锁控制，实现电动机的正反转连续控制。

③电动机用三相交流电源作为电源，电路有短路保护、过载保护功能。

（2）根据任务要求设计出安装与调试三相电动机自锁正转控制线路电器布置图。

（3）根据任务要求设计出安装与调试三相电动机的自锁正转控制线路电气接线图。

2）安装步骤及工艺要求

（1）逐个检验电气设备和元件的规格和质量是否合格。

（2）正确选配导线的规格、导线通道类型和数量、接线端子板型号等。

（3）在控制板上安装电器元件，并在各电器元件附近做好与电路图上相同代号的标记。

（4）按照控制板内布线的工艺要求进行布线和套编码套管。

（5）选择合理的导线走向，做好导线通道的支持准备，并安装控制板外部的所有电器。

（6）进行控制箱外部布线，并在导线线头上套装与电路图相同线号的编码套管。对于可移动的导线通道应放适当的余量，使金属软管在运动时不承受拉力，并按规定在通道内放好备用导线。

（7）检查电路的接线是否正确和接地通道是否具有连续性。

（8）检查热继电器的整定值是否符合要求。各级熔断器的熔体是否符合要求，如不符合要求应予以更换。

（9）检查电动机的安装是否牢固，与生产机械传动装置的连接是否可靠。

（10）检测电动机及线路的绝缘电阻，清理安装场地。

（11）正反转的控制线路电动机启动、转向是否符合要求。

3）通电调试

（1）通电空转试验时，应认真观察各电器元件、线路；

（2）通电带负载试验时，应认真观察各电器元件、线路。

4）注意事项

（1）不要漏接接地线。严禁采用金属软管作为接地通道。

（2）在导线通道内敷设的导线进行接线时，必须集中思想，做到查出一根导线，立即套上编码套管，接上后再进行复验。

（3）在安装、调试过程中，工具、仪表的使用应符合要求。

（4）通电操作时，必须严格遵守安全操作规程。

五、任务评价

1. 成果展示

各小组派代表上台总结完成任务的过程中掌握了哪些技能技巧、发现错误后如何改正，并展示已接好的电路，通电试验，观察电动机的转动情况。

2. 各小组对工作岗位的“7S”处理

在小组和教师都完成工作任务总结以后，各小组必须对自己的工作岗位进行“整理、整顿、清扫、清洁、安全、素养、节约”的7S处理；归还所借的工、量具和实习工件。

3. 评价表

完成表2－4－3。

表2－4－3 安装、调试与检修三相异步电动机的正反转控制线路评价表

班级：＿＿＿＿＿ 小组：＿＿＿＿＿ 姓名：＿＿＿＿＿		指导教师：＿＿＿＿＿＿＿ 日　　期：＿＿＿＿＿＿＿				
评价项目	评价标准	评价依据	评价方式			小计
			学生自评（20%）	小组互评（30%）	教师评价（50%）	
职业素养	（1）遵守企业规章制度、劳动纪律。 （2）按时按质完成工作任务。 （3）积极主动承担工作任务，勤学好问。 （4）注意人身安全与设备安全。 （5）工作岗位7S完成情况	（1）出勤。 （2）工作态度。 （3）劳动纪律。 （4）团队协作精神				

续表

<table>
<tr><td colspan="3">班级：
小组：
姓名：</td><td colspan="4">指导教师：
日　期：</td></tr>
<tr><td rowspan="2">评价项目</td><td rowspan="2">评价标准</td><td rowspan="2">评价依据</td><td colspan="3">评价方式</td><td rowspan="2">小计</td></tr>
<tr><td>学生自评（20%）</td><td>小组互评（30%）</td><td>教师评价（50%）</td></tr>
<tr><td>专业能力</td><td>（1）熟悉复合按钮 SB、接触器 KM 的动断触头、动合触头的功能及基本结构、动作原理。
（2）巩固电动机的转动原理知识，掌握电动机反向运转的原理。
（3）掌握联锁的概念，能熟练运用接触器、按钮的触头，实现电气联锁功能，熟悉点动、自锁的概念。
（4）熟悉电动机控制线路的一般安装步骤，能根据控制要求设计电路原理图。
（5）掌握电动机正反转控制电路常见故障识别及排除方法。
（6）能根据控制要求设计电路原理图、电器布置图和电气接线图</td><td>（1）操作的准确性和规范性。
（2）工作页或项目技术总结完成情况。
（3）专业技能任务完成情况</td><td></td><td></td><td></td><td></td></tr>
<tr><td>创新能力</td><td>（1）在任务完成过程中能提出自己的见解和方案。
（2）在教学或生产管理上提出建议，具有创新性</td><td>（1）方案的可行性及意义。
（2）建议的可行性</td><td></td><td></td><td></td><td></td></tr>
<tr><td>合　计</td><td colspan="6"></td></tr>
</table>

六、任务拓展

某车床有两台电动机，一台是主轴电动机，要求能正反转控制，另一台是冷却液泵电动机，只要求正转控制；两台电动机都要求有短路、过载、欠压和失压保护，试设计出满足要求的电路图。

任务五 安装、调试与检修三相异步电动机的位置控制与自动往返正反转控制线路

一、教学指引

教学步骤	教学方式
任务资讯	自学、查资料、互相讨论
任务讲解	重点讲述行程开关 SQ 的功能、基本结构、动作原理及识别的技巧
任务实施	导入情景，采取学生训练与教师示范、巡回指导相结合的方式
任务评价	采用学生自评、互评及教师评的方式

二、任务单

<table>
<tr><td>任务名称</td><td>安装、调试与检修三相异步电动机的位置控制与自动往返正反转控制线路</td><td>实训设备</td><td></td></tr>
<tr><td>小组成员</td><td colspan="3"></td></tr>
<tr><td>任务要求</td><td colspan="3">（1）熟悉行程开关 SQ 的功能、基本结构、动作原理，熟记它们的图形符号和文字符号，学会正确识别、使用行程开关 SQ 的动断触头及动合触头。
（2）巩固复合按钮 SB、接触器 KM 的动断触头及动合触头的原理；巩固联锁的概念，能熟练运用接触器、按钮的触头，实现电气联锁功能，复习巩固点动、自锁的概念。
（3）熟悉电动机控制线路的一般安装步骤，能根据控制要求设计电路原理图。
（4）掌握电动机正反转控制电路的行程控制中的常见故障识别及排除方法</td></tr>
</table>

续表

<table>
<tr><td>任务名称</td><td>安装、调试与检修三相异步电动机的位置控制与自动往返正反转控制线路</td><td>实训设备</td><td></td></tr>
<tr><td>任务描述</td><td colspan="3">在此项典型工作任务中主要使学生掌握行程控制线路的安装，在工厂中，常运用行程开关SQ来实现行车的自动停止控制及终端限位保护。当按下SB1时，行车开始向前运行，当运行至A地时，撞下行程开关SQ1，行车自动停止；当按下SB2，行车向后运行，当运行至B地时，撞下行程开关SQ2，行车自动停止；当行车向前（向后）运行中，按下停止按钮SB3，行车马上停止。
在生产过程中，例如摇臂钻床、万能铣床、镗床、桥式起重机及各种自动或半自动控制机床设备中，它们的某些运动部件的行程或位置要受到限制。而部分生产机械的工作台则要求在一定行程内自动往返运动，以便实现对工件的连续加工，提高生产效率。常运用行程开关SQ来实现行车的自动停止控制及终端限位保护。请根据控制要求设计安装电路：
①当按下SB1时，行车开始向前运行，当运行至A地时，撞下行程开关SQ1，行车自动向后运动；当按下SB2，行车向后运行，当运行至B地时，撞下行程开关SQ2，行车自动向前运行（自动往返）。
②当A地的SQ1（B地的SQ2）失效时，行车向前（向后）运行至末端，撞下SQ3（SQ4）后，将自动停止（终端保护）。
③当行车向前（向后）运行中，按下按钮SB3，行车马上停止。
④掌握电器元件的安装布置要点，合理布置和安装电器元件。
⑤根据电气原理图进行布线，安装检测完成后通电试车。
学生接到本任务后，应根据任务要求，准备工具和仪器仪表，做好工作现场准备，严格遵守作业规范进行施工，线路安装完毕后进行调试，填写相关表格并交检测指导教师验收。按照现场管理规范清理场地、归置物品</td></tr>
<tr><td>任务目标</td><td colspan="3">知识目标：
（1）掌握识读三相异步电动机位置控制与自动往返控制电路图、布置图、接线图的原则。
（2）掌握三相异步电动机位置控制与自动往返控制线路的工作原理。
技能目标：
（1）学会正确识别、选用、安装、使用行程开关SQ，熟悉它们的功能、基本结构、工作原理及型号意义，熟记它们的图形符号和文字符号。
（2）掌握行程控制原则的基本要求。
（3）熟悉电动机位置控制线路的一般安装步骤，学会安装位置控制线路。
（4）各小组发挥团队合作精神，学会三相电动机的行程控制线路的安装步骤、实施和成果评估。
安全规范目标：
（1）处理好工作中已拆除的电线，以防止触电。
（2）带电试车前须检查无误后方能送电，且有指导老师监护。
（3）工作完毕后，按照现场管理规范清理场地、归置物品</td></tr>
</table>

三、任务资讯

资讯一　行程控制的相关知识

1. 行程控制原则

自动往返控制在许多生产机械中，常需要控制某些机械运动的行程，即某些生产机械的运动位置。例如，生产车间的行车运行到终端位置时需要及时停车，铣床要求工作台在一定距离内能自动往返，以便对工件连续加工，像这种控制生产机械运动行程和位置的方法叫作行程控制，也称限位控制。

2. 行程开关

行程开关又称限位开关（位置开关），是一种短时接通或断开小电流电路的电器，是反映生产机械运动部件行进位置的主令电器。行程开关可分为机械式和电子式两大类，机械式又可以分为直动式、旋转式和微动式等，如图 2-5-1、图 2-5-2 所示。

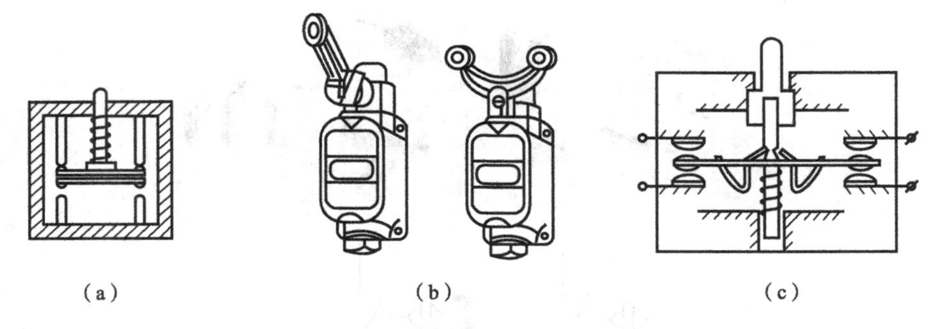

图 2-5-1　行程开关外形、结构图

(a) 直动式；(b) 旋转式；(c) 微动式

行程开关型号的含义如下：

JLXK1-234

J——机床电器；L——主令电器；X——行程开关；K——快速；

1——设计代号；2——滚轮形式；3——动合触点数；4——动断触点数。

3. 接近开关

接近开关的外形及符号如图 2-5-3 所示。

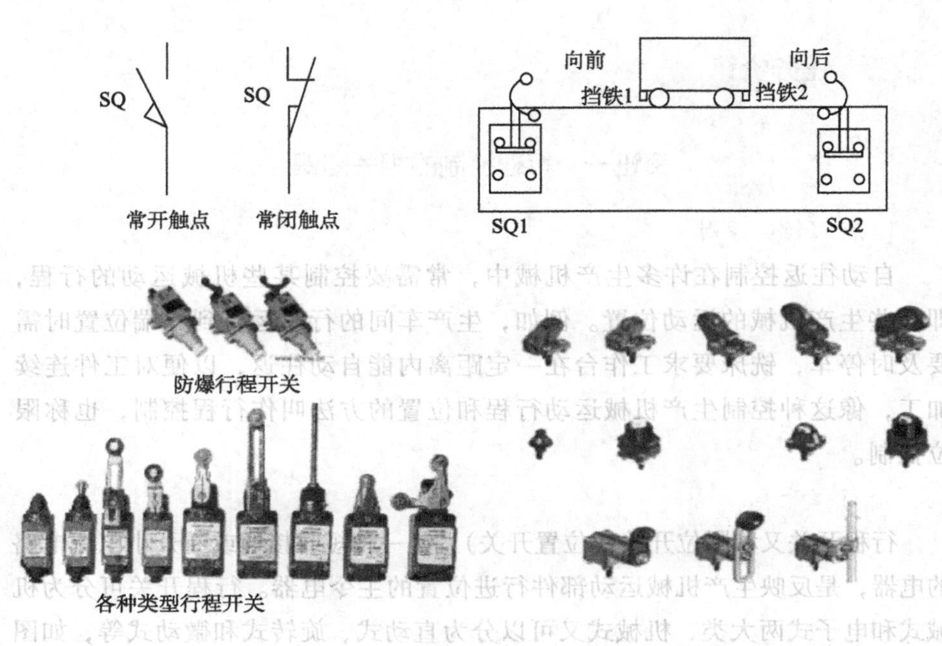

图 2-5-2　各类型的行程开关

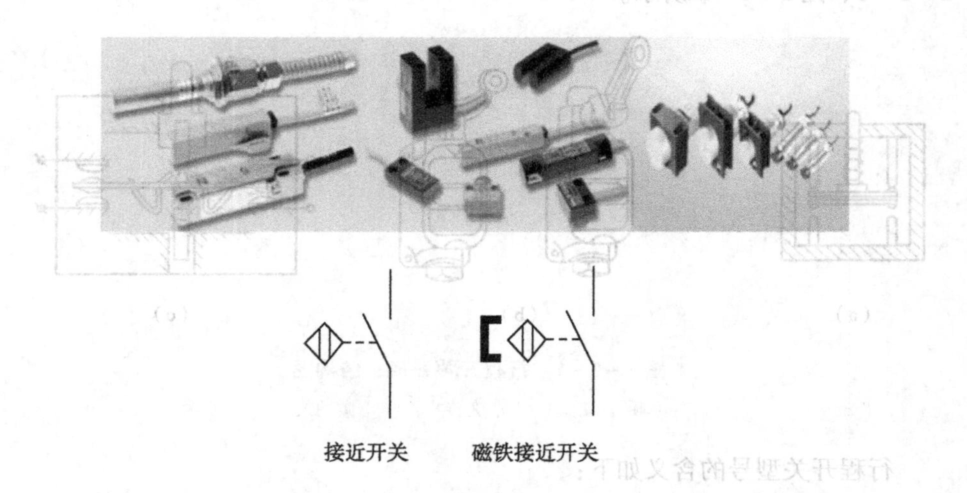

图 2-5-3　接近开关的外形及符号

4. 概述

接近开关是一种无需与运动部件进行机械接触而可以操作的位置开关，当物体接近开关的感应面到动作距离时，不需要机械接触及施加任何压力即可使开关动作，从而驱动交流或直流电器或给计算机装置提供控制指令。接近开关是种开关型传感器（即无触点开关），它既有行程开关、微动开关的特性，同时具有传感性能，且动作可靠，性能稳定，频率响应快，应用寿命长，抗干扰能力强等，并具有防水、防震、耐腐蚀等特点。产品有电感式，电容式，霍尔式及交、直流型。

接近开关又称无触点接近开关，是理想的电子开关量传感器。当金属检测体接近开关的感应区域，开关就能无接触、无压力、无火花、迅速发出电气指令，准确反映出运动机构的位置和行程，即使用于一般的行程控制，其定位精度、操作频率、使用寿命、安装调整的方便性和对恶劣环境的适用能力，是一般机械式行程开关所不能相比的。它广泛地应用于机床、冶金、化工、轻纺和印刷等行业。在自动控制系统中可作为限位、计数、定位控制和自动保护环节。接近开关具有使用寿命长、工作可靠、重复定位精度高、无机械磨损、无火花、无噪声、抗振能力强等特点。因此到目前为止，接近开关的应用范围日益广泛，其自身的发展和创新的速度也是极其迅速的。

5. 接近开关的主要功能

1）检验距离

检测电梯、升降设备的停止、启动、通过位置；检测车辆的位置，防止两物体相撞检测；检测工作机械的设定位置，移动机器或部件的极限位置；检测回转体的停止位置，阀门的开或关位置；检测气缸或液压缸内的活塞移动位置。

2）尺寸控制

金属板冲剪的尺寸控制装置；自动选择、鉴别金属件长度；检测自动装卸时堆物高度；检测物品的长、宽、高和体积。

3）检测物体存在与否

检测生产包装线上有无产品包装箱；检测有无产品零件。

4）转速与速度控制

控制传送带的速度；控制旋转机械的转速；与各种脉冲发生器一起控制转速和转数。

5）计数及控制

检测生产线上流过的产品数；高速旋转轴或盘的转数计量；零部件计数。

6）检测异常

检测瓶盖有无；产品合格与不合格判断；检测包装盒内的金属制品缺乏与否；区分金属与非金属零件；产品有无标牌检测；起重机危险区报警；安

全扶梯自动启停。

7）计量控制

产品或零件的自动计量；检测计量器、仪表的指针范围而控制数或流量；检测浮标控制测面高度、流量；检测不锈钢桶中的铁浮标；仪表量程上限或下限的控制；流量控制，水平面控制。

8）识别对象

根据载体上的码识别是与非。

9）信息传送

ASI（总线）连接设备上各个位置上的传感器在生产线（50～100米）中的数据往返传送等。

资讯二　位置控制原理

1. 电路原理图

电路原理图如图2－5－4所示。

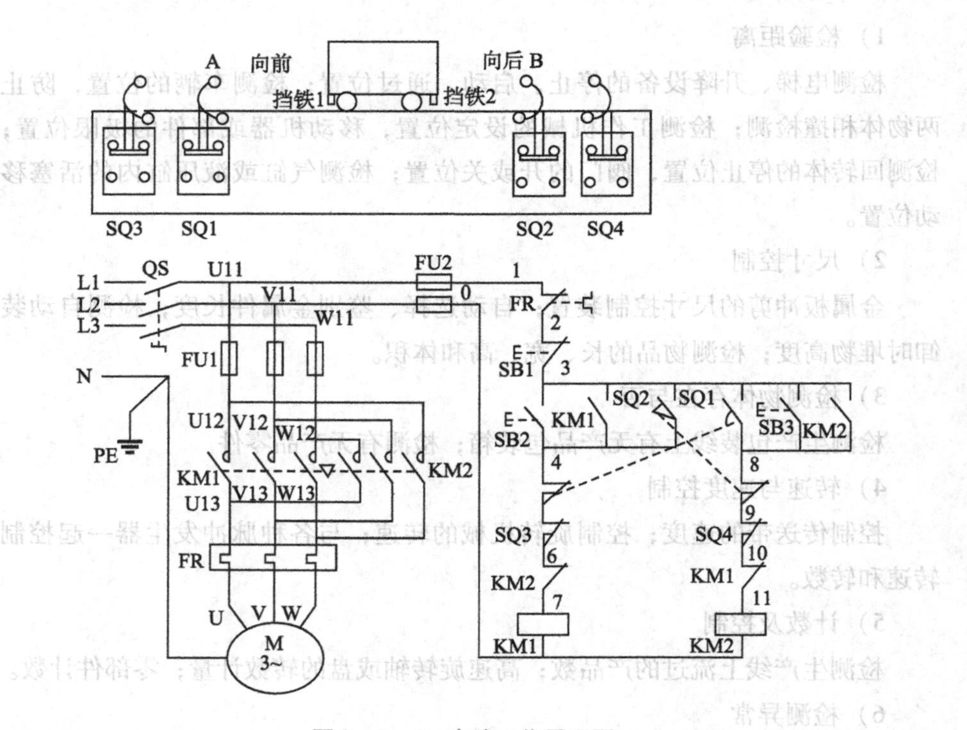

图2－5－4　电路工作原理图

2. 自动往返控制线路工作原理

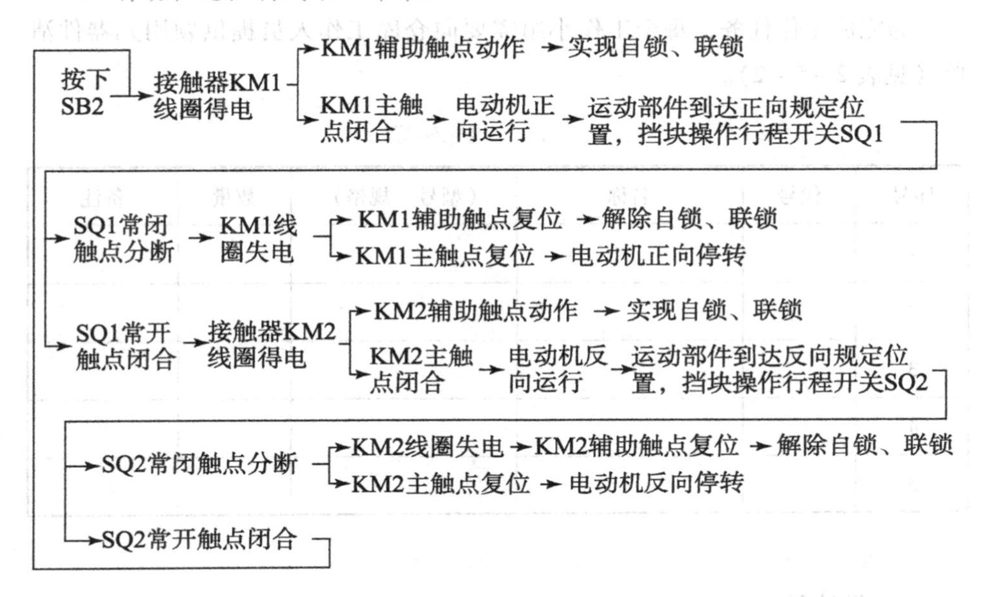

3. 停止控制

中途如需停机时，按下 SB1，控制线路断电，接触器释放，电动机停转。

四、任务实施

1. 工具的准备

为完成工作任务，每个工作小组需要向仓库工作人员提供使用工具清单（见表 2－5－1）。

表 2－5－1　使用工具清单

序号	名称	（型号、规格）	数量	备注
1				
2				
3				
4				
5				

2. 元器件的选择

为完成工作任务，每个工作小组需要向仓库工作人员提供领用元器件清单（见表2-5-2）。

表2-5-2 电器元件明细表

序号	代号	名称	（型号、规格）	数量	备注
1					
2					
3					
4					
5					

3. 安装与调试三相电动机自动往返控制线路

1）设计要求

（1）根据控制要求设计一个电路原理图。

为了在生产过程中满足工作需要，常常要进行位置控制工作。比如学校电动门的打开/关闭过程的自动限位停止或者电梯的上升/下降过程的终端保护等。这种有关位置控制的工作特点的控制线路即为行程控制原则线路。请再想想在生活中还有哪些地方用到了位置控制？根据电路控制要求安装控制线路，分析其电路的工作原理。

（2）根据任务要求设计出安装与调试三相电动机自动往返控制线路电器布置图。

（3）根据任务要求设计出安装与调试三相电动机的自动往返控制线路电气接线图。

2）安装步骤及工艺要求

（1）逐个检验电气设备和元件的规格和质量是否合格。

（2）正确选配导线的规格、导线通道类型和数量、接线端子板型号等。

（3）在控制板上安装电器元件，并在各电器元件旁做好与电路图上相同代号的标记。

（4）按照控制板内布线的工艺要求进行布线和套编码套管。

（5）选择合理的导线走向，做好导线通道的准备，并安装控制板外部的所有电器。

（6）进行控制箱外部布线，并在导线线头上套装与电路图相同线号的编码套管。对于可移动的导线通道应放适当的余量，使金属软管在运动时不承受拉力，并按规定在通道内放好备用导线。

（7）检查电路的接线是否正确和接地通道是否具有连续性。

（8）检查热继电器的整定值是否符合要求。各级熔断器的熔体是否符合要求，如不符合要求应予以更换。

（9）检查电动机的安装是否牢固，与生产机械传动装置的连接是否可靠。

（10）检测电动机及线路的绝缘电阻，清理安装场地。

3）通电调试

（1）通电空转试验时，应认真观察各电器元件、线路。

（2）通电带负载试验时，应认真观察各电器元件、线路。

4）注意事项

（1）不要漏接接地线。严禁采用金属软管作为接地通道。

（2）在导线通道内敷设的导线进行接线时，必须集中思想，做到查出一根导线，立即套上编码套管，接上后再进行复验。

（3）在安装、调试过程中，工具、仪表的使用应符合要求。

（4）通电操作时，必须严格遵守安全操作规程。

五、任务评价

1. 成果展示

各小组派代表上台总结完成任务的过程中掌握了哪些技能技巧、发现错误后如何改正，并展示已接好的电路，通电试验，观察电动机的转动情况。

2. 各小组对工作岗位的“7S”处理

在小组和教师都完成工作任务总结以后，各小组必须对自己的工作岗位进行“整理、整顿、清扫、清洁、安全、素养、节约”的7S处理；归还所借的工、量具和实习工件。

3. 评价表

完成表2－5－3。

表 2-5-3　安装、调试与检修三相异步电动机的位置控制与自动往返正反转控制线路评价表

<table>
<tr><td colspan="3">班级：________
小组：________
姓名：________</td><td colspan="5">指导教师：________
日　期：________</td></tr>
<tr><td rowspan="2">评价项目</td><td rowspan="2">评价标准</td><td rowspan="2">评价依据</td><td colspan="3">评价方式</td><td rowspan="2">小计</td></tr>
<tr><td>学生自评（20%）</td><td>小组互评（30%）</td><td>教师评价（50%）</td></tr>
<tr><td>职业素养</td><td>（1）遵守企业规章制度、劳动纪律。
（2）按时按质完成工作任务。
（3）积极主动承担工作任务，勤学好问。
（4）注意人身安全与设备安全。
（5）工作岗位 7S 完成情况</td><td>（1）出勤。
（2）工作态度。
（3）劳动纪律。
（4）团队协作精神</td><td></td><td></td><td></td><td></td></tr>
<tr><td>专业能力</td><td>（1）熟悉行程开关 SQ 的基本结构、动作原理，熟记它们的图形符号和文字符号，学会正确识别、使用行程开关 SQ 的复合触头。
（2）巩固复合按钮 SB、接触器 KM 的动断触头及动合触头的原理；巩固联锁的概念，能熟练运用接触器、按钮的触头，实现电气联锁功能。
（3）掌握电动机在自动往返行程控制中的常见故障识别及排除方法</td><td>（1）操作的准确性和规范性。
（2）工作页或项目技术总结完成情况。
（3）专业技能任务完成情况</td><td></td><td></td><td></td><td></td></tr>
<tr><td>创新能力</td><td>（1）在任务完成过程中能提出自己的见解和方案。
（2）在教学或生产管理上提出建议，具有创新性</td><td>（1）方案的可行性及意义。
（2）建议的可行性</td><td></td><td></td><td></td><td></td></tr>
<tr><td>合　计</td><td colspan="6"></td></tr>
</table>

六、任务拓展

如图 2 –5 –5 所示，是两条传送带运输机的示意图。请按下述要求画出两条传送带运输机的控制电路图。

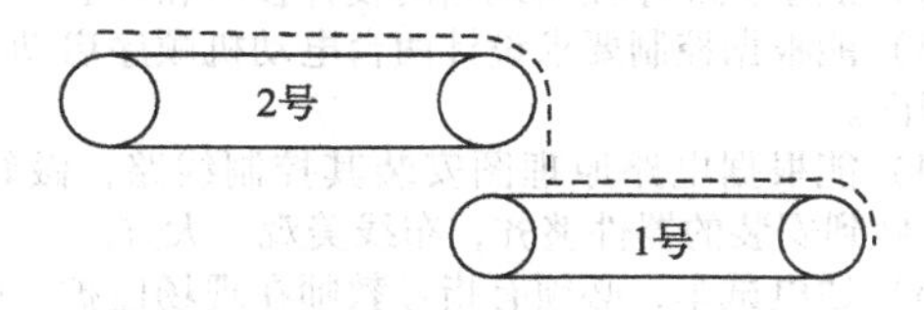

图 2 –5 –5 示意图

要求：

（1）1 号启动后，2 号才能启动。

（2）1 号必须在 2 号停止后才能停止。

（3）具有短路、过载、欠压及失压保护。

任务六 安装、调试与检修三相异步电动机的顺序控制线路

一、教学指引

教学步骤	教 学 方 式
任务资讯	自学、查资料、互相讨论
任务讲解	重点讲述三相异步电动机的顺序控制线路的安装、调试与检修
任务实施	导入情景，采取学生训练与教师示范、巡回指导相结合的方式
任务评价	采用学生自评、互评及教师评的方式

二、任务单

任务名称	安装、调试与检修三相异步电动机的顺序控制线路	实训设备	
小组成员			

续表

任务名称	安装、调试与检修三相异步电动机的顺序控制线路	实训设备	
任务要求	（1）能理解顺序控制线路在工程、工厂中的应用范围。 （2）能掌握顺序控制线路的设计技巧和方法。 （3）能根据控制要求设计两台电动机顺序启动、逆序停止控制电路原理图。 （4）能根据电路原理图安装其控制线路，做好电器元件的布置方案，做到安装的器件整齐，布线美观、大方。 （5）通电试车，必须有指导教师在现场监护，同时要做到安全文明生产		
任务描述	在装有多台电动机的生产机械上，各电动机所起的作用是不同的，有时需按一定的顺序启动或停止，才能保证操作过程的合理和工作的安全可靠。如X62W型万能铣床上，要求主轴电动机启动后，进给电动机才能启动；M7120型平面磨床则要求当砂轮电动机启动后冷却泵电动机才能启动。 学生接到本任务后，应根据任务要求，准备工具和仪器仪表，做好工作现场准备，严格遵守作业规范进行施工，线路安装完毕后进行调试，填写相关表格并交检测指导教师验收。按照现场管理规范清理场地、归置物品		
任务目标	**知识目标：** 能说出三相异步电动机顺序控制线路的工作原理。 **能力目标（专业能力）：** （1）学会正确安装顺序控制线路。 （2）学习绘制并识读电气控制的线路原理图、电器元件布置图和电气接线图。 （3）熟悉电动机控制线路的一般安装步骤。 （4）各小组发挥团队合作精神，学会三相异步电动机顺序控制线路的安装步骤、实施和成果评估。 **安全规范目标：** （1）处理好工作中已拆除的电线，以防止触电。 （2）带电试车前须检查无误后方能送电，且有指导老师监护。 （3）工作完毕后，按照现场管理规范清理场地、归置物品		

三、任务资讯

资讯一 顺序控制基本概念

工厂中很多机床要求第一台电动机启动后才能启动第二台电动机，如

X62W 型万能铣床要求主轴电动机启动后，进给电动机才能启动，M7120 型平面磨床则要求当砂轮电动机启动后，冷却泵电动机才能启动。在装有多台电动机的生产机械上，各电动机所起的作用是不同的，有时需按一定的顺序启动或停止，才能保证操作过程的合理和工作的安全可靠。像这种要求几台电动机的启动或停止，必须按一定的先后顺序来完成的控制方式，叫作电动机的顺序控制。

资讯二 常用的主电路实现顺序控制

如图 2-6-1 所示的是主电路实现电动机顺序控制的电路图。线路的特点是电动机 M2 的主电路接在 KM（或 KM1）主触头的下面。

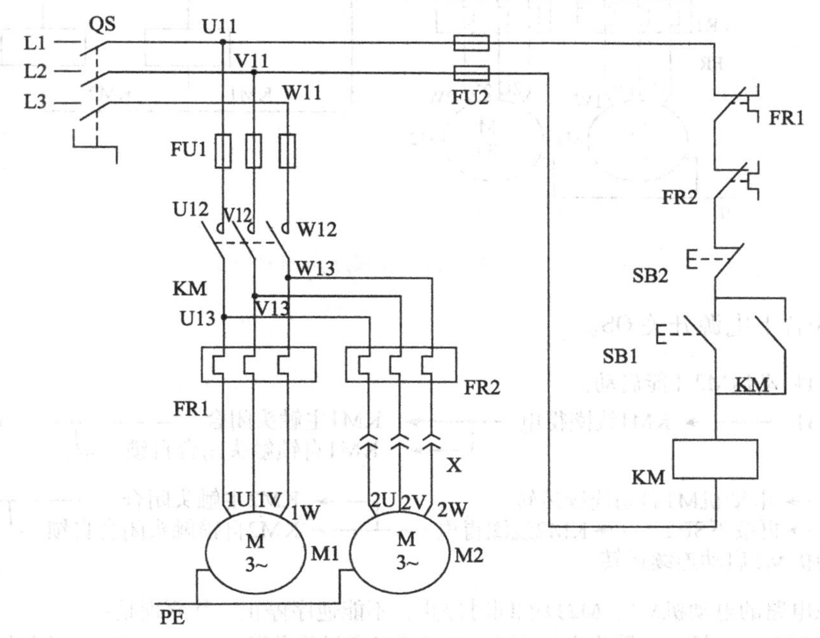

图 2-6-1 主电路实现顺序控制原理图

在图 2-6-1 所示的控制线路中，电动机 M2 是通过接插器 X 接在接触器 KM 主触头的下面，因此，只有当 KM 主触头闭合，电动机 M1 启动运转后，电动机 M2 才可能接通电源运转。M7120 型平面磨床的砂轮电动机和冷却泵电动机，就是采用了这种顺序控制线路。

在图 2-6-2 所示的控制线路中，电动机 M1 和 M2 分别通过接触器 KM1 和 KM2 来控制，接触器 KM2 的主触头接在接触器 KM1 主触头的下面，这样就保证了当 KM1 主触头闭合，电动机 M1 启动运转后，电动机 M2 才可能接通电源运转。线路的工作原理分析如下：

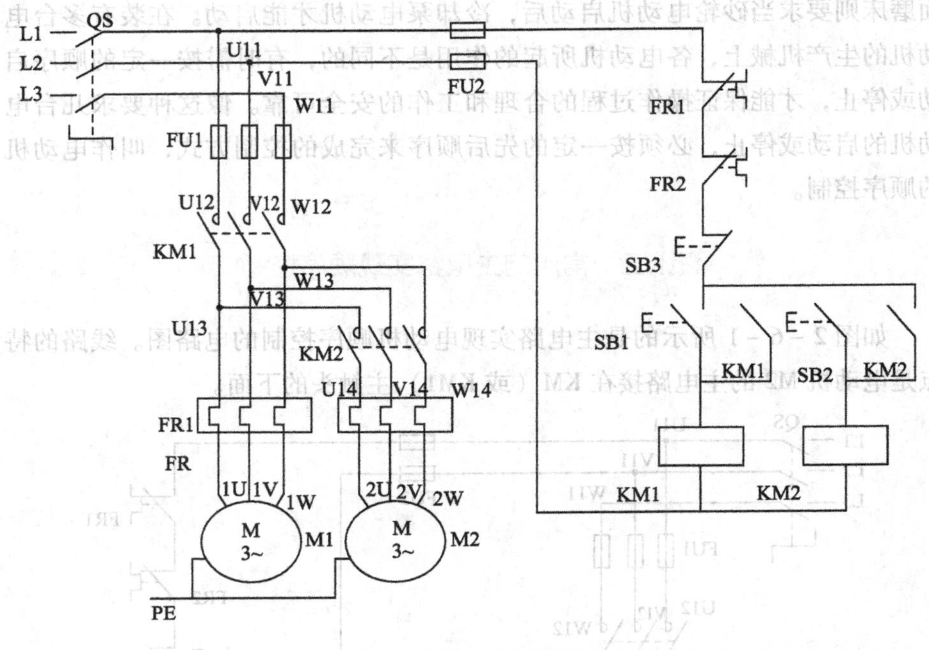

图 2-6-2 主电路实现顺序控制原理图

先合上电源开关 QS。

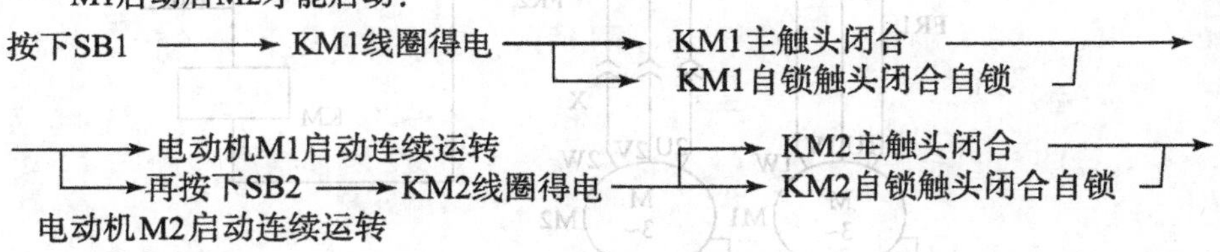

该电路的电动机M1、M2只能同时停止，不能逆序停止。其原理是：

按下SB3 ⟶ 控制电路失电 ⟶ KM1、KM2主触头分断 ⟶ M1、M2电机同时停转

资讯三 常用的控制电路实现顺序控制

几种常见的在控制电路中实现电动机顺序控制的电路如图 2-6-3 所示。控制电路的特点是：电动机 M2 的控制电路先与接触器 KM1 的线圈并接后再与 KM1 的自锁触头串接，这样就保证了 M1 启动后，M2 才能启动的顺序控制要求。

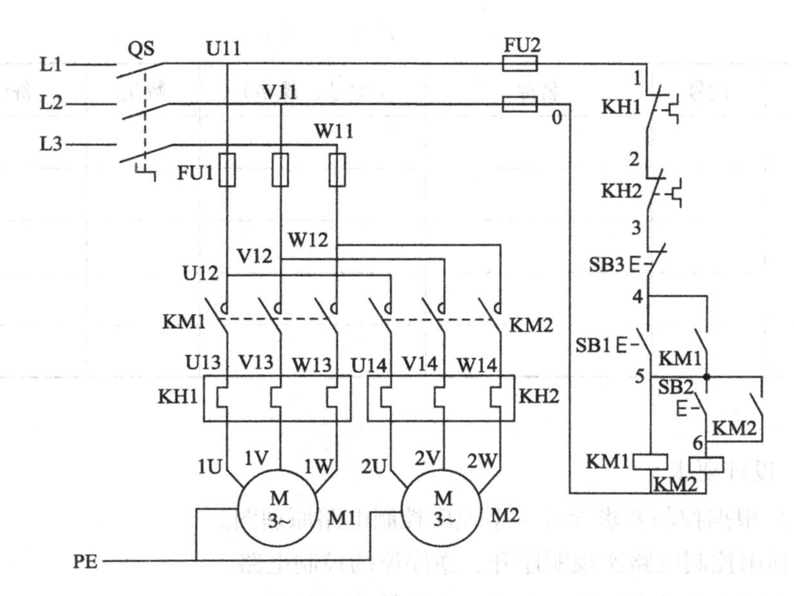

图 2－6－3 控制电路顺序控制线路

四、任务实施

1. 工具的准备

为完成工作任务，每个工作小组需要向仓库工作人员提供使用工具清单（见表 2－6－1）。

表 2－6－1 使用工具清单

序号	名称	（型号、规格）	数量	备注
1				
2				
3				
4				
5				

2. 元器件的选择

为完成工作任务，每个工作小组需要向仓库工作人员提供领用元器件清单（见表 2－6－2）。

表2-6-2 电器元件明细表

序号	代号	名称	（型号、规格）	数量	备注
1					
2					
3					
4					
5					

3. 安装与调试三相异步电动机的顺序控制线路

1）设计要求

（1）根据控制要求设计一个顺序控制电路原理图。

①利用控制电路实现顺序开、逆序停的控制电路。

②电路中要设有短路、失压、过载等保护装置。

③根据设计的电气原理图配置相关电器元件。

（2）根据任务要求设计出安装与调试三相电动机顺序控制线路电器布置图。

（3）根据任务要求设计出安装与调试三相电动机的顺序控制线路电气接线图。

2）安装步骤及工艺要求

（1）逐个检验电气设备和元件的规格和质量是否合格。

（2）正确选配导线的规格、导线通道类型和数量、接线端子板型号等。

（3）在控制板上安装电器元件，并在各电器元件附近做好与电路图上相同代号的标记。

（4）按照控制板内布线的工艺要求进行布线和套编码套管。

（5）选择合理的导线走向，做好导线通道的支持准备，并安装控制板外部的所有电器。

（6）进行控制箱外部布线，并在导线线头上套装与电路图相同线号的编码套管。对于可移动的导线通道应放适当的余量，使金属软管在运动时不承受拉力，并按规定在通道内放好备用导线。

（7）检查电路的接线是否正确和接地通道是否具有连续性。

（8）检查热继电器的整定值是否符合要求。各级熔断器的熔体是否符合要求，如不符合要求应予以更换。

(9) 检查电动机的安装是否牢固，与生产机械传动装置的连接是否可靠。

(10) 检测电动机及线路的绝缘电阻，清理安装场地。

(11) 顺序控制电动机启动、转向是否符合要求。

3) 通电调试

(1) 通电空转试验时，应认真观察各电器元件、线路。

(2) 通电带负载试验时，应认真观察各电器元件、线路。

4) 注意事项

(1) 不要漏接接地线。严禁采用金属软管作为接地通道。

(2) 在导线通道内敷设的导线进行接线时，必须集中思想，做到查出一根导线，立即套上编码套管，接上后再进行复验。

(3) 在安装、调试过程中，工具、仪表的使用应符合要求。

(4) 通电操作时，必须严格遵守安全操作规程。

五、任务评价

1. 成果展示

各小组派代表上台总结完成任务的过程中学会了哪些技能技巧、发现错误后如何改正，并展示已接好的电路，通电试验效果。

控制电路工作情况：____

____

主电路工作情况：____

____

其他小组提出的改进建议：____

____

2. 各小组对工作岗位的“7S”处理

在小组和教师都完成工作任务总结以后，各小组必须对自己的工作岗位进行“整理、整顿、清扫、清洁、安全、素养、节约”的7S处理；归还所借的工、量具和实习工件。

3. 评价表

完成表2－6－3。

表 2-6-3 安装、调试与检修三相异步电动机的顺序控制线路评价表

<table>
<tr><td colspan="3">班级：__________
小组：__________
姓名：__________</td><td colspan="5">指导教师：__________
日　期：__________</td></tr>
<tr><td rowspan="2">评价项目</td><td rowspan="2">评价标准</td><td rowspan="2">评价依据</td><td colspan="3">评价方式</td><td rowspan="2">小计</td></tr>
<tr><td>学生自评（20%）</td><td>小组互评（30%）</td><td>教师评价（50%）</td></tr>
<tr><td>职业素养</td><td>（1）遵守企业规章制度、劳动纪律。
（2）按时按质完成工作任务。
（3）积极主动承担工作任务，勤学好问。
（4）注意人身安全与设备安全。
（5）工作岗位 7S 完成情况</td><td>（1）出勤。
（2）工作态度。
（3）劳动纪律。
（4）团队协作精神</td><td></td><td></td><td></td><td></td></tr>
<tr><td>专业能力</td><td>（1）能理解顺序控制线路在实际中的应用范围。
（2）能掌握顺序控制线路的设计技巧和方法。
（3）能根据控制要求设计顺序控制线路。
（4）能掌握相应电器元件的布置和布线方法</td><td>（1）操作的准确性和规范性。
（2）工作页或项目技术总结完成情况。
（3）专业技能任务完成情况</td><td></td><td></td><td></td><td></td></tr>
<tr><td>创新能力</td><td>（1）在任务完成过程中能提出自己的见解和方案。
（2）在教学或生产管理上提出建议，具有创新性</td><td>（1）方案的可行性及意义。
（2）建议的可行性</td><td></td><td></td><td></td><td></td></tr>
<tr><td>合　计</td><td colspan="6"></td></tr>
</table>

六、任务拓展

试设计一台机床电动机控制电路原理图。

创新要求：

（1）采用接触器实行正反转功能的三地控制开停控制。

（2）具有短路、过载、失压和欠压保护。

任务七 正确安装、选择检测多地控制线路

一、教学指引

教学步骤	教 学 方 式
任务资讯	自学、查资料、互相讨论
任务讲解	重点讲述三相异步电动机的多地控制线路的检测
任务实施	导入情景，采取学生训练与教师示范、巡回指导相结合的方式
任务评价	采用学生自评、互评及教师评的方式

二、任务单

任务名称	正确安装、选择检测多地控制线路	实训设备	
小组成员			
任务要求	（1）熟悉掌握一台电动机采用接触器自锁的正转两地控制电路在工厂中的应用范围。 （2）学会能设计一台电动机并采用接触器自锁的正转两地控制电路和接触器互锁的正反转两地控制电路设计方案。 （4）能根据设计方案绘制出电路原理图。 （5）能根据电路原理图安装其控制线路，做好电器元件的布置方案，做到安装的器件整齐，布线美观、大方。 （6）通电试车，必须有指导教师在现场监护，同时要做到安全文明生产		
任务描述	工厂中有些机床要求在两个地方能开停这台机床，如 C6130 普通车床，在操作面板上可以控制开停，在尾架旁边也能控制开停，又如钢板弯管机要求在两个地方能对弯管机进行正反转的开停控制等，像这种能在两地或者多地控制同一台电动机的控制方式叫作电动机的多地控制。学生接到本任务后，应根据任务要求，准备工具和仪器仪表，做好工作现场准备，严格遵守作业规范进行施工，线路安装完毕后进行调试，填写相关表格并交检测指导教师验收。按照现场管理规范清理场地、归置物品		

续表

任务名称	正确安装、选择检测多地控制线路	实训设备	
任务目标	**知识目标：** 说出三相异步电动机多地控制线路的工作原理。 **能力目标（专业能力）：** （1）学会正确安装两地控制的正转控制线路。 （2）学习绘制并识读电气控制的线路原理图、电器元件布置图和电气接线图。 （3）熟悉电动机控制线路的一般安装步骤，学会安装电动机两地控制线路。 （4）各小组发挥团队合作精神，学会电动机两地控制线路安装的步骤、实施和成果评估。 **安全规范目标：** （1）处理好工作中已拆除的电线，以防止触电。 （2）带电试车前须检查无误后方能送电，且有指导老师监护。 （3）工作完毕后，按照现场管理规范清理场地、归置物品		

三、任务资讯

资讯一　多地控制基本概念

工厂中有些机床要求在两个地方能开停这台机床，如 C6130 普通车床，在操作面板上可以控制开停，在尾架旁边也能控制开停，又如钢板弯管机要求在两个地方能对弯管机进行正反转的开停控制等，像这种能在两地或者多地控制同一台电动机的控制方式叫作电动机的多地控制。

资讯二　常用一台电动机正转的两地控制电路

如图 2－7－1 所示的是一台电动机的两地控制的具有过载保护的接触器自锁正转控制电路图。其中 SB11、SB12 为安装在甲地的启动按钮和停止按钮，SB21、SB22 为安装在乙地的启动按钮和停止按钮。线路的特点是：两地的启动按钮 SB11、SB21 要并联在一起，两地的停止按钮 SB12、SB22 要串联在一起。这样就可以分别在甲、乙两地启动和停止同一台电动机，达到方便操作的目的。

资讯三　常用一台电动机正反转的两地控制电路

如图 2－7－2 所示是一台电动机的两地控制且具有过载保护的接触器自

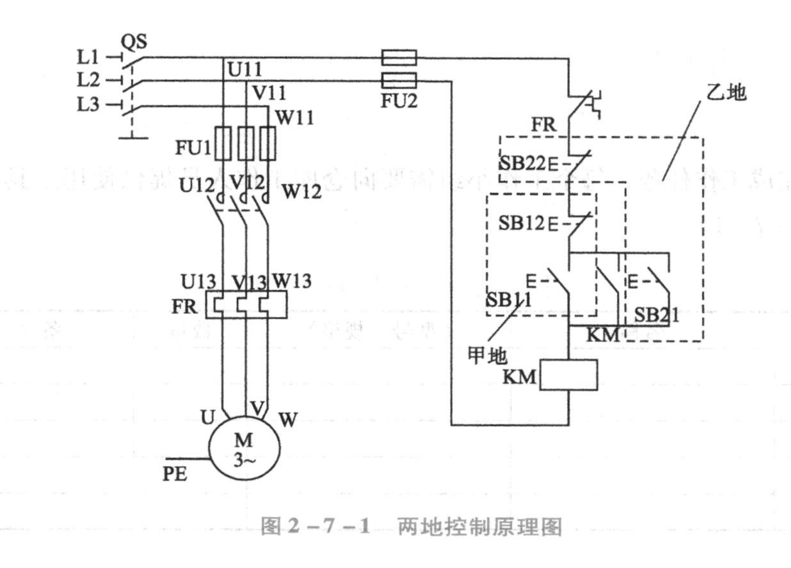

图 2－7－1　两地控制原理图

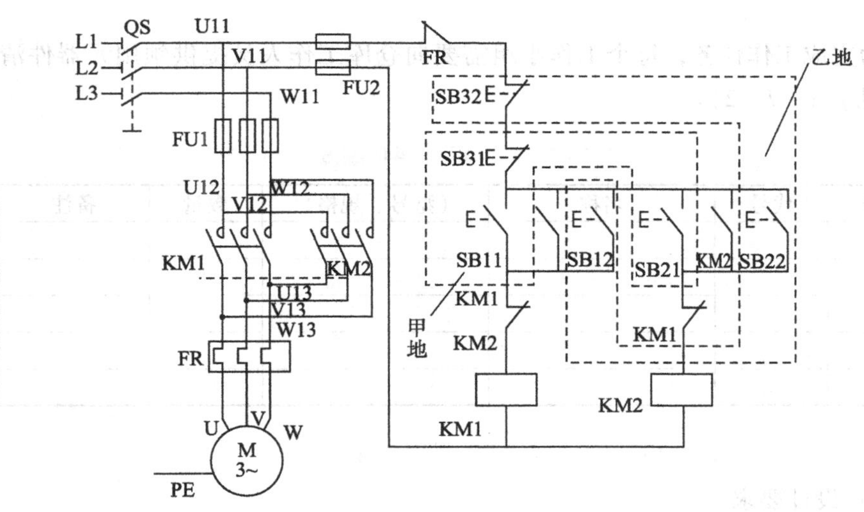

图 2－7－2　一台电动机正反转的两地控制线路

锁正反转控制电路。其中 SB11、SB21、SB31 为安装在甲地的正转启动按钮、反转启动按钮和停止按钮，SB12、SB22、SB32 为安装在乙地的正转启动按钮、反转启动按钮和停止按钮。线路的特点是：两地的正转启动按钮 SB11、SB12 并联在一起，反转启动按钮 SB21、SB22 并联在一起，并且正反转控制采用接触器的辅助触头 KM1、KM2 分别在两个回路中进行互锁，两地的停止按钮 SB31、SB32 要串联在总回路中。这样也可以分别在甲、乙两地正反转启动和停止同一台电动机，达到方便操作的目的。

四、任务实施

1. 工具的准备

为完成工作任务，每个工作小组需要向仓库工作人员提供使用工具清单（见表2-7-1）。

表2-7-1 使用工具清单

序号	名称	（型号、规格）	数量	备注
1				
2				
3				
4				
5				

2. 元器件的选择

为完成工作任务，每个工作小组需要向仓库工作人员提供领用元器件清单（见表2-7-2）。

表2-7-2 电器元件明细表

序号	代号	名称	（型号、规格）	数量	备注
1					
2					
3					
4					
5					

3. 安装与调试三相异步电动机的制动控制线路

1）设计要求

（1）根据控制要求设计一个采用接触器正转的两地控制电路原理图和一个接触器正反转的两地控制电路原理图。

控制要求：

①接触器正转控制电路具有自锁功能；接触器正反转控制电路具有自锁和互锁功能。

②要求在甲地、乙地都具有启动和停止的控制功能。

③电路中要设有短路、失压、过载、联锁等保护装置。

④根据设计的电气原理图配置相关电器元件。

2）安装步骤及工艺要求

（1）逐个检验电气设备和元件的规格及质量是否合格。

（2）正确选配导线的规格、导线通道类型和数量、接线端子板型号等。

（3）在控制板上安装电器元件，并在各电器元件附近做好与电路图上相同代号的标记。

（4）按照控制板内布线的工艺要求进行布线和套编码套管。

（5）选择合理的导线走向，做好导线通道的支持准备，并安装控制板外部的所有电器。

（6）进行控制箱外部布线，并在导线线头上套装与电路图相同线号的编码套管。对于可移动的导线通道应放适当的余量，使金属软管在运动时不承受拉力，并按规定在通道内放好备用导线。

（7）检查电路的接线是否正确和接地通道是否具有连续性。

（8）检查热继电器的整定值是否符合要求。各级熔断器的熔体是否符合要求，如不符合要求应予以更换。

（9）检查电动机的安装是否牢固，与生产机械传动装置的连接是否可靠。

（10）检测电动机及线路的绝缘电阻，清理安装场地。

（11）多地控制电动机启动、转向是否符合要求。

3）通电调试

（1）通电空转试验时，应认真观察各电器元件、线路。

（2）通电带负载试验时，应认真观察各电器元件、线路。

4）注意事项

（1）不要漏接接地线。严禁采用金属软管作为接地通道。

（2）在导线通道内敷设的导线进行接线时，必须集中思想，做到查出一根导线，立即套上编码套管，接上后再进行复验。

（3）在安装、调试过程中，工具、仪表的使用应符合要求。

（4）通电操作时，必须严格遵守安全操作规程。

五、任务评价

1. 成果展示

各小组派代表上台总结完成任务的过程中学会了哪些技能、发现错误后如何改正，并展示已接好的电路，通电试验效果。

一台电机正转两地控制的工作情况：________________

其他小组提出的改进建议：

2. 各小组对工作岗位的“7S”处理

在小组和教师都完成工作任务总结以后，各小组必须对自己的工作岗位进行“整理、整顿、清扫、清洁、安全、素养、节约”的7S处理；归还所借的工、量具和实习工件。

3. 评价表

完成表2-7-3。

表2-7-3 正确安装、选择检测多地控制线路评价表

班级： 小组： 姓名：		指导教师： 日　期：				
评价项目	评价标准	评价依据	评价方式			小计
			学生自评（20%）	小组互评（30%）	教师评价（50%）	
职业素养	（1）遵守企业规章制度、劳动纪律。 （2）按时按质完成工作任务。 （3）积极主动承担工作任务，勤学好问。 （4）注意人身安全与设备安全。 （5）工作岗位7S完成情况	（1）出勤。 （2）工作态度。 （3）劳动纪律。 （4）团队协作精神				
专业能力	（1）能理解多地控制线路在实际的应用范围。 （2）能掌握多地控制线路的设计技巧和方法。 （3）能根据控制要求设计两地启动，两地停止的接触器自锁的正转和正反转控制电路原理图。 （4）能掌握相应电器元件的布置和布线方法	（1）操作的准确性和规范性。 （2）工作页或项目技术总结完成情况。 （3）专业技能任务完成情况				

续表

<table>
<tr><td colspan="2">班级：________
小组：________
姓名：________</td><td colspan="5">指导教师：________________
日　期：________________</td></tr>
<tr><td rowspan="2">评价项目</td><td rowspan="2">评价标准</td><td rowspan="2">评价依据</td><td colspan="3">评价方式</td><td rowspan="2">小计</td></tr>
<tr><td>学生自评（20%）</td><td>小组互评（30%）</td><td>教师评价（50%）</td></tr>
<tr><td>创新能力</td><td>（1）在任务完成过程中能提出自己的见解和方案。
（2）在教学或生产管理上提出建议，具有创新性</td><td>（1）方案的可行性及意义。
（2）建议的可行性</td><td></td><td></td><td></td><td></td></tr>
<tr><td>合　计</td><td colspan="6"></td></tr>
</table>

六、任务拓展

试设计一台机床电动机控制电路原理图。

创新要求：

（1）采用接触器实行正反转功能的三地控制开停控制。

（2）具有短路、过载、失压和欠压保护。

任务八　正确安装、选择检测三相异步电动机的降压启动控制线路

一、教学指引

教学步骤	教学方式
任务资讯	自学、查资料、互相讨论
任务讲解	重点讲述三相异步电动机降压启动控制线路的工作原理
任务实施	导入情景，采取学生训练与教师示范、巡回指导相结合的方式
任务评价	采用学生自评、互评及教师评的方式

二、任务单

任务名称	正确安装、选择检测三相异步电动机的降压启动控制线路	实训设备	
小组成员			
任务要求	（1）学会电动机的Y接法和△接法，理解电动机作Y接法时的相电压与线电压、相电流与线电流之间的关系。 （2）理解一台电动机采用Y－△降压启动的控制线路在工厂中的应用范围。 （3）学会设计一台电动机采用Y－△降压启动控制线路。 （4）能根据设计方案绘制电路原理图。 （5）能根据电路原理图安装其控制线路，做好电器元件的布置方案，做到安装的器件整齐，布线美观、大方。 （6）通电试车，必须有指导教师在现场监护，同时要做到安全文明生产		
任务描述	根据控制要求设计电路原理图，控制要求： （1）设计一台电动机采用Y－△降压启动的控制线路。 （2）电路中设有短路、过载、失压等保护装置。 （3）根据设计的电路图配置相关电器元件。 合理布置和安装电器元件，根据电气原理图进行布线、检查、调试。学生接到本任务后，应根据任务要求，准备工具和仪器仪表，做好工作现场准备，严格遵守作业规范进行施工，线路安装完毕后进行调试，填写相关表格并交检测指导教师验收。按照现场管理规范清理场地、归置物品		
任务目标	**知识目标：** 说出三相异步电动机降压启动控制线路的工作原理。 **能力目标（专业能力）：** （1）理解常用的降压启动电路在工厂中的应用范围。 （2）学会Y－△降压启动控制线路的设计技巧和方法。 （3）能根据控制要求设计出Y－△降压启动控制线路图。 （4）能掌握相应电器元件的布置和布线方法。 （5）各小组发挥团队合作精神，学会电动机降压启动控制线路的安装。 **安全规范目标：** （1）处理好工作中已拆除的电线，以防止触电。 （2）带电试车前须检查无误后方能送电，且有指导老师监护。 （3）工作完毕后，按照现场管理规范清理场地、归置物品		

三、任务资讯

资讯一 三相异步电动机的启动

三相异步电动机启动时的电压与运行时的电压相同的启动，称为全压启动，也叫作直接启动。三相异步电动机启动时的电压小于正常运行时的电压的启动，称为降压启动。采用降压启动是为了减少启动电流（一般为额定电流的 4 ~7 倍）对同一供电线路中其他电气设备的影响。

常见的降压启动方法有 3 种：定子绕组串接电阻降压启动；自耦变压器降压启动；Y－Δ降压启动。

资讯二 定子绕组串接电阻降压启动控制线路

定子绕组串接电阻降压启动是指在电动机启动时，把电阻串接在电动机定子绕组与电源之间，通过电阻的分压作用来降低定子绕组上的启动电压。

时间继电器自动控制电路图如图 2－8－1 所示。这个线路中通过时间继电器实现了电动机从降压启动到全压运行的自动控制。只要调整好时间继电器 KT 触头的动作时间，电动机由启动过程切换成运行过程就能准确可靠地完成。

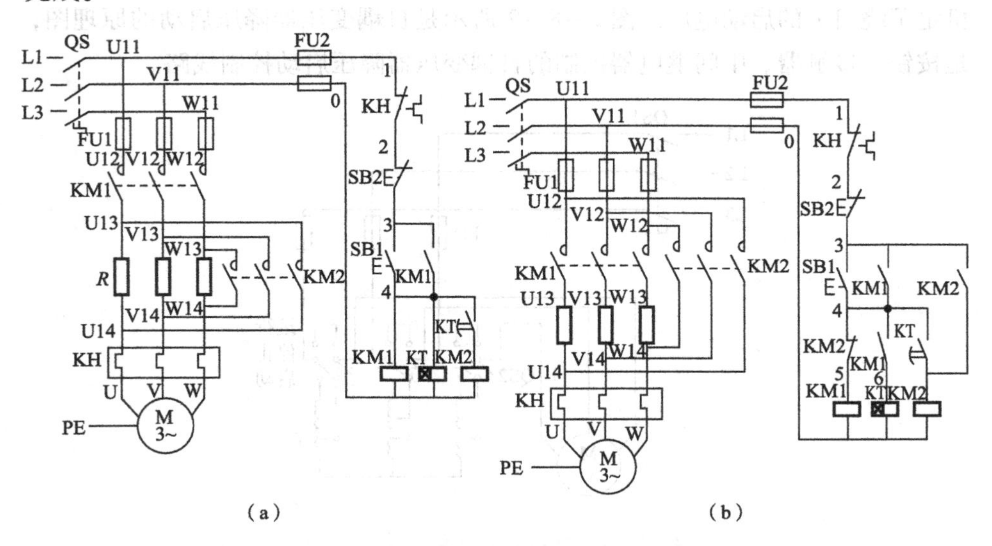

图 2－8－1 定子绕组串接电阻降压启动控制线路

线路的工作原理如下：

合上电源开关 QS。

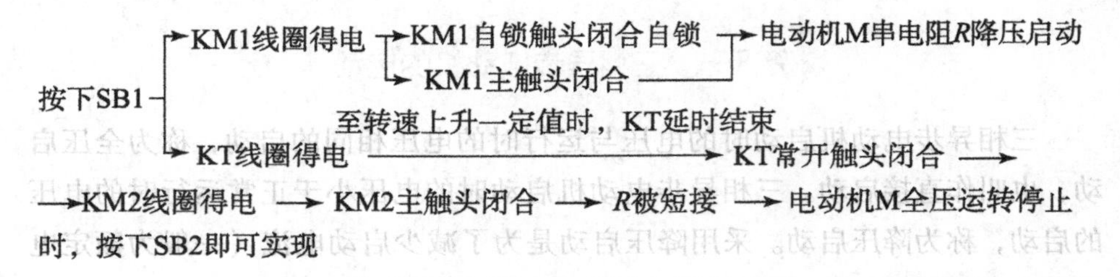

由以上分析可见，当电动机 M 全压正常运转时，接触器 KM1 和 KM2、时间继电器 KT 的线圈均需长时间通电，从而使能耗增加，电器寿命缩短。为此，设计了如图 2－8－1（b）所示线路，该线路的主电路中，KM2 的 3 对主触头不是直接并接在启动电阻 *R* 两端，而是把接触器 KM1 的主触头也并接了进去，这样接触器 KM1 和时间继电器 KT 只作短时间的降压启动用，待电动机全压运转后就全部从线路中切除，从而延长了接触器 KM1 和时间继电器 KT 的使用寿命，节省了电能，提高了电路的可靠性。

资讯三　自耦变压器降压启动控制线路

自耦变压器降压启动是指电动机启动时利用自耦变压器来降低加在电动机定子绕组上的启动电压。图 2－8－2 所示是自耦变压器降压启动的原理图，是按钮、接触器、中间继电器控制的自耦变压器降压启动控制线路。

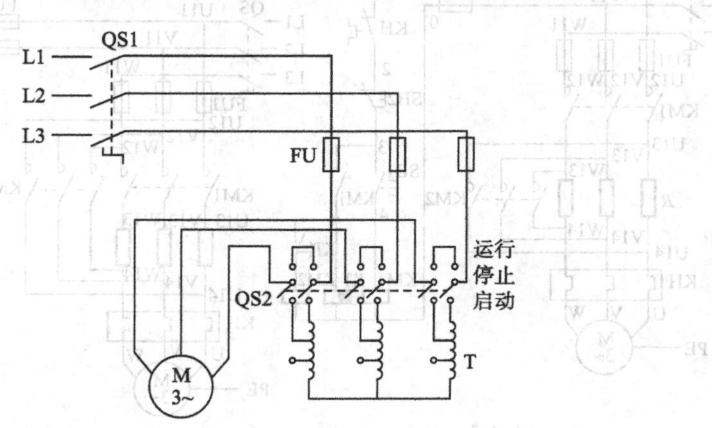

图 2－8－2　自耦变压器降压启动原理图

自耦变压器降压启动控制线路如图 2－8－3 所示，其工作原理如下：

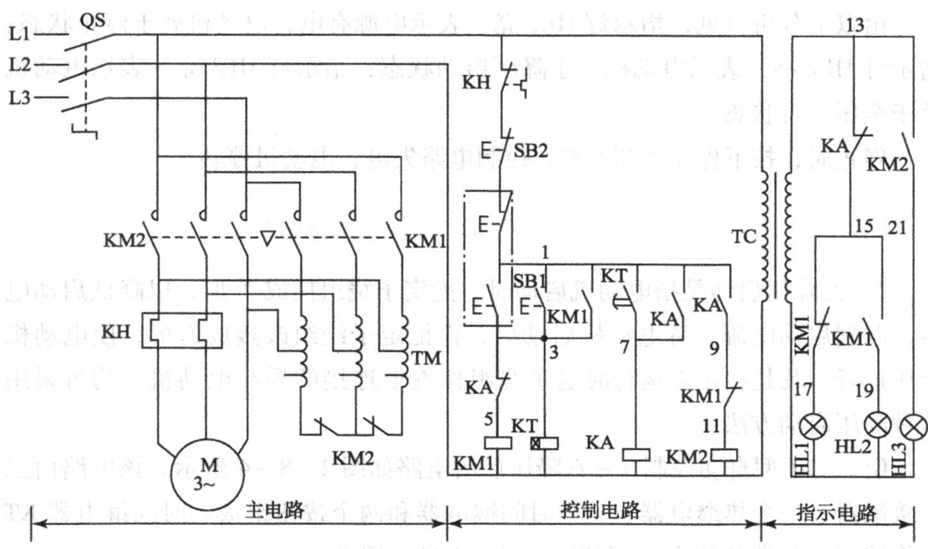

图 2－8－3　自耦变压器降压启动控制线路图

合上电源开关 QS。

降压启动：

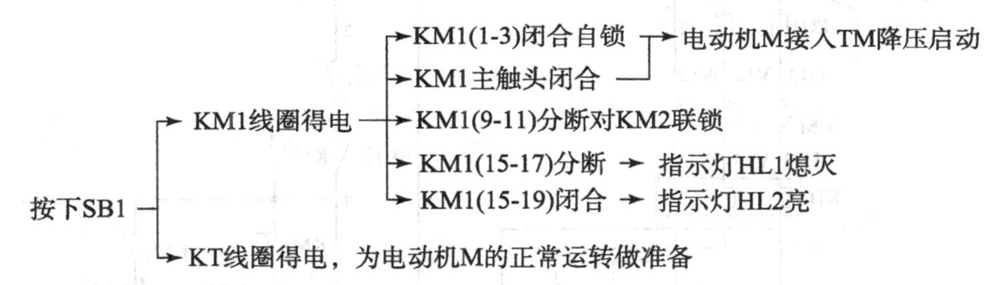

全压启动：

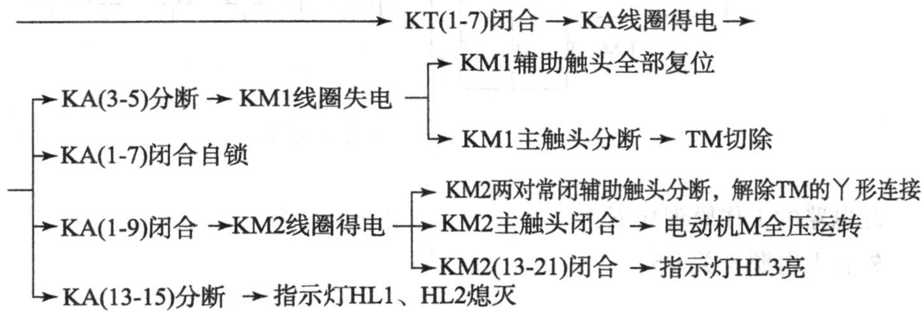

由以上分析可见，指示灯 HL1 亮，表示电源有电，电动机处于停止状态；指示灯 HL2 亮，表示电动机处于降压启动状态；指示灯 HL3 亮，表示电动机处于全压运转状态。

停止时，按下停止按钮 SB2，控制电路失电，电动机停转。

资讯四　Y－△降压启动控制线路

Y－△降压启动是指电动机启动时，把定子绕组接成 Y 形，以降低启动电压，限制启动电流。待电动机启动后，再把定子绕组改接成△形，使电动机全压运行。凡是在正常运行时定子绕组作△形连接的异步电动机，均可采用这种降压启动方法。

QS3－13 型自动控制 Y－△降压启动电路如图 2－8－4 所示。该电路由三个接触器、一个热继电器、一个时间继电器和两个按钮组成。时间继电器 KT 用作控制 Y 形降压启动时间和完成 Y－△自动切换。

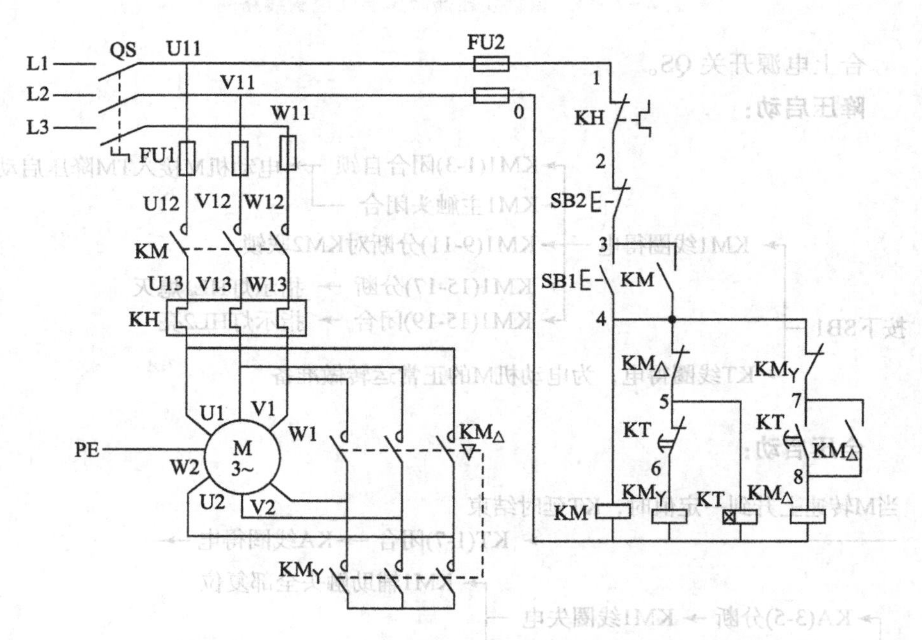

图 2－8－4　QS3－13 型 Y－△降压启动控制线路图

此电路的工作原理如下：

先合上电源开关 QS。

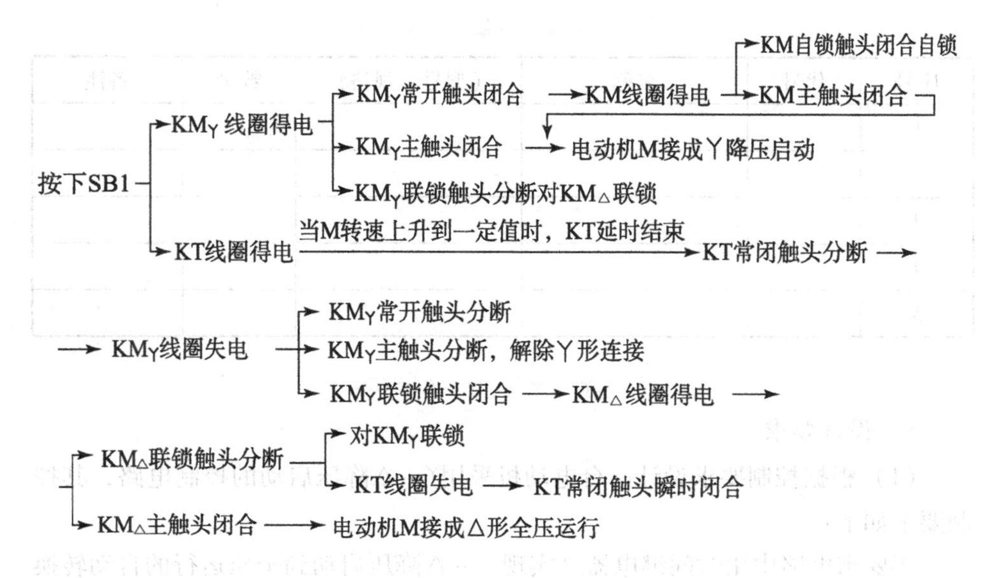

停止时按下 SB2 即可。

四、任务实施

1. 工具的准备

为完成工作任务，每个工作小组需要向仓库工作人员提供使用工具清单（见表2－8－1）。

表2－8－1　使用工具清单

序号	名称	（型号、规格）	数量	备注
1				
2				
3				
4				
5				

2. 元器件的选择

为完成工作任务，每个工作小组需要向仓库工作人员提供领用元器件清单（见表2－8－2）。

表2-8-2 电器元件明细表

序号	代号	名称	（型号、规格）	数量	备注
1					
2					
3					
4					
5					

3. 安装与调试三相异步电动机的制动控制线路

1）设计要求

（1）根据控制要求设计一台电动机采用Y－△降压启动的控制电路，其控制要求如下：

①要求电路中用时间继电器来实现Y－△降压启动到全压运行的自动转换控制功能。

②按下启动按钮，电路作Y形降压启动，待启动转速达到一定值时，自动转换为△全压运行，电机全压运行后能切断无用的继电器、接触器线圈控制电源，在任何时间按下停止按钮，电动机都要立即停止。

③电路中要设有短路、失压、过载、联锁等保护装置。

④根据设计的电气原理图配置相关电器元件。

（2）根据任务要求设计出安装与调试三相电动机制动控制线路电器布置图。

（3）根据任务要求设计出安装与调试三相电动机的制动控制线路电气接线图。

2）安装步骤及工艺要求

（1）逐个检验电气设备和元件的规格及质量是否合格。

（2）正确选配导线的规格、导线通道类型和数量、接线端子板型号等。

（3）在控制板上安装电器元件，并在各电器元件附近做好与电路图上相同代号的标记。

（4）按照控制板内布线的工艺要求进行布线和套编码套管。

（5）选择合理的导线走向，做好导线通道的支持准备，并安装控制板外部的所有电器。

（6）进行控制箱外部布线，并在导线线头上套装与电路图相同线号的编码套管。对于可移动的导线通道应放适当的余量，使金属软管在运动时不承受拉力，并按规定在通道内放好备用导线。

（7）检查电路的接线是否正确和接地通道是否具有连续性。

（8）检查热继电器的整定值是否符合要求。各级熔断器的熔体是否符合要求，如不符合要求应予以更换。

（9）检查电动机的安装是否牢固，与生产机械传动装置的连接是否可靠。

（10）检测电动机及线路的绝缘电阻，清理安装场地。

（11）降压启动控制电动机启动、转向是否符合要求。

3）通电调试

（1）通电空转试验时，应认真观察各电器元件、线路。

（2）通电带负载试验时，应认真观察各电器元件、线路。

4）注意事项

（1）不要漏接接地线。严禁采用金属软管作为接地通道。

（2）在导线通道内敷设的导线进行接线时，必须集中思想，做到查出一根导线，立即套上编码套管，接上后再进行复验。

（3）在安装、调试过程中，工具、仪表的使用应符合要求。

（4）通电操作时，必须严格遵守安全操作规程。

五、任务评价

1. 成果展示

各小组派代表上台总结完成任务的过程中学会了哪些技能、发现错误后如何改正，并展示已接好的电路，通电试验效果。

电动机作Y形降压启动时的工作情况：________________________________

____

电动机转换到△形全压运行时的工作情况：________________________________

____

其他小组提出的改进建议：________________________________

____

2. 各小组对工作岗位的“7S”处理

在小组和教师都完成工作任务总结以后，各小组必须对自己的工作岗位进行“整理、整顿、清扫、清洁、安全、素养、节约”的7S处理；归还所借的工、量具和实习工件。

3. 评价表

完成表 2-8-3。

表 2-8-3 正确安装、选择检测三相异步电动机的降压启动控制线路评价表

班级： 小组： 姓名：		指导教师： 日 期：				
评价项目	评价标准	评价依据	评价方式			小计
			学生自评（20%）	小组互评（30%）	教师评价（50%）	
职业素养	（1）遵守企业规章制度、劳动纪律。 （2）按时按质完成工作任务。 （3）积极主动承担工作任务，勤学好问。 （4）注意人身安全与设备安全。 （5）工作岗位 7S 完成情况	（1）出勤。 （2）工作态度。 （3）劳动纪律。 （4）团队协作精神				
专业能力	（1）理解常用的降压启动电路在工厂中的应用范围。 （2）理解Y-△降压启动电路的工作原理。 （3）学会Y-△降压启动控制电路的设计技巧和方法；降压启动控制电路原理图、电器布置图和电气接线图。 （4）能掌握相应电器元件的布置和布线方法	（1）操作的准确性和规范性。 （2）工作页或项目技术总结完成情况。 （3）专业技能任务完成情况				
创新能力	（1）在任务完成过程中能提出自己的见解和方案。 （2）在教学或生产管理上提出建议，具有创新性	（1）方案的可行性及意义。 （2）建议的可行性				
合 计						

六、任务拓展

试设计一台电动机正反转带Y-△形降压启动的控制电路，并分析其工作原理。

要求：

（1）无论正转还是反转都采用Y-△形降压启动。

（2）Y形启动整定时间设定为5 s。

（3）具有短路、过载、失压和欠压保护。

任务九 正确安装、选择检测三相异步电动机的制动控制线路

一、教学指引

教学步骤	教学方式
任务资讯	自学、查资料、互相讨论
任务讲解	重点讲述三相异步电动机制动控制原理及线路的安装、选择检测
任务实施	导入情景，采取学生训练与教师示范、巡回指导相结合的方式
任务评价	采用学生自评、互评及教师评的方式

二、任务单

任务名称	正确安装、选择检测三相异步电动机的制动控制线路	实训设备	
小组成员			
任务要求	（1）熟悉机械制动和电气制动的结构与种类，理解单相能耗制动的工作原理。 （2）理解电动机采用无变压器单相半波整流单相启动能耗制动控制电路工厂中的应用范围。 （3）学会设计一台电动机采用无变压器单相半波整流单相启动能耗制动控制线路。 （4）能根据设计方案绘制出电路原理图。 （5）能根据电路原理图安装其控制线路，做好电器元件的布置方案，做到安装的器件整齐，布线美观、大方。 （6）通电试车，必须有指导教师在现场监护，同时要做到安全文明生产		

续表

任务名称	正确安装、选择检测三相异步电动机的制动控制线路	实训设备	
任务描述	根据控制要求设计电路原理图，其控制要求如下： ①设计一台电动机采用无变压器单相半波整流单相启动能耗制动控制电路。 ②电路中设有短路、过载、失压等保护装置。 ③停止时，设有单相半波整流组成的能耗制动装置；根据设计的电路图配置相关电器元件。 合理布置和安装电器元件，根据电气原理图进行布线、检查、调试。学生接到本任务后，应根据任务要求，准备工具和仪器仪表，做好工作现场准备，严格遵守作业规范进行施工，线路安装完毕后进行调试，填写相关表格并交检测指导教师验收。按照现场管理规范清理场地、归置物品		
任务目标	**知识目标：** 说出三相异步电动机的制动控制线路的工作原理。 **能力目标（专业能力）：** （1）理解无变压器单相半波整流单相启动能耗制动控制电路在工厂中的应用范围。 （2）理解电动机制动的方法和种类，理解能耗制动的工作原理。 （3）学会单相半波和全波整流单相启动能耗制动控制电路的设计技巧和方法。 （4）能根据控制要求设计出无变压器单相半波整流单相启动能耗制动控制电路图。 （5）能掌握相应电器元件的布置和布线方法。 （6）各小组发挥团队合作精神，学会三相电动机的制动控制线路安装与调试的步骤、实施、成果评估。 **安全规范目标：** （1）处理好工作中已拆除的电线，以防止触电。 （2）带电试车前须检查无误后方能送电，且有指导老师监护。 （3）工作完毕后，按照现场管理规范清理场地、归置物品		

三、任务资讯

资讯一 制动的概述

电动机断开电源以后，由于惯性作用不会马上停止转动，而是需要转动一段时间才会完全停下来。这种情况对于某些生产机械是不适宜的。例如，起重机的吊钩需要准确定位；万能铣床要求立即停转等。要满足生产机械的这种要求就要对电动机进行制动。

所谓制动，就是给电动机一个与机械转动方向相反的转矩使它迅速停转（或限制其转速）。工程中常用的制动方法一般有两类：机械制动和电力制动。机械制动可分为电磁抱闸断电制动、电磁抱闸通电制动、电磁离合器制动；电力制动又可分为能耗制动、反接制动、电容制动、再生发电制动等几种。

（1）机械制动：利用机械装置使电动机断开电源后迅速停转的方法叫作机械制动。机械制动常用的方法有电磁抱闸制动器制动和电磁离合器制动两种。两者的制动原理类似，控制电路也基本相同。

（2）电力制动：使电动机在切断电源停转的过程，产生一个和电动机实际旋转方向相反的电磁力矩（制动力矩），迫使电动机迅速制动停转的方法叫作电气制动。电力制动常用的方法有反接制动、能耗制动、电容制动和再生发电制动。

资讯二　反接制动

电动机反接制动控制线路，是利用改变电动机任意两相定子绕组电源的相序，使定子绕组产生相反方向的旋转磁场，因而产生制动转矩的一种制动方法。

（1）注意事项：制动操作不宜过于频繁。

（2）电路特征：电源反接制动时，定子绕组中流过的反接制动电流相当于全压启动时启动电流的两倍，为了减小冲击电流，通常在笼型异步电动机定子电路中串入反接制动电阻。

当电动机转速接近零时，要及时切断反相序电源，以防电动机反向再启动，通常用速度继电器来检测电动机转速并控制电动机反相序电源的断开。

反接制动转矩大，制动迅速，冲击大。易损坏传动零件，制动准确性差，制动能量消耗大，不宜经常制动。

（3）应用：通常适用于 10 kW 及以下的小容量电动机及制动要求迅速、系统惯性较大、不经常启动与制动的场合，如铣床、镗床、中型车床等主轴的制动控制。

资讯三　单向启动反接制动的控制线路

单向启动反接制动控制线路的主电路和正反转控制线路的主电路相同，只是在反接制动时增加了 3 个限流电阻 R。线路中 KM1 为正转运行接触器，KM2 为反接制动接触器，KS 为速度继电器，其转轴与电动机的轴相连，如图 2－9－1 所示。

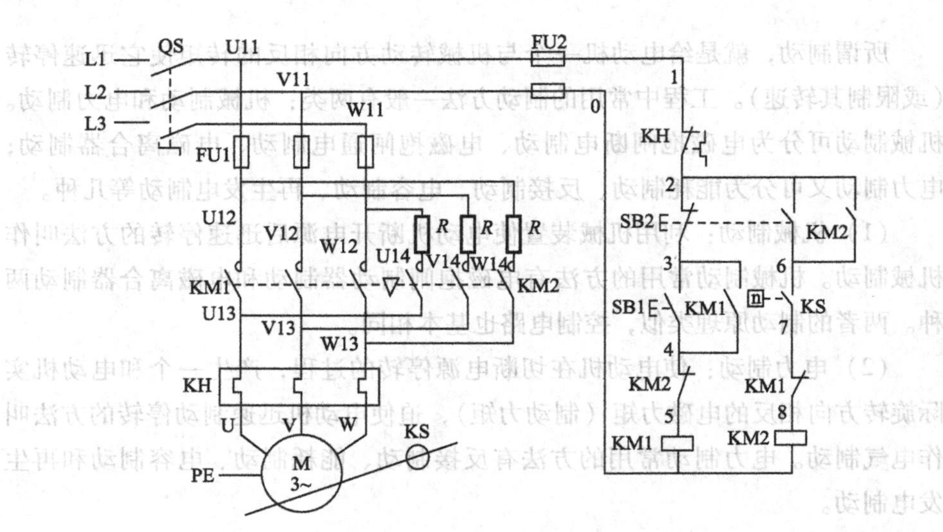

图 2-9-1　单向启动原理

线路的工作原理如下：

合上转换开关 QS。

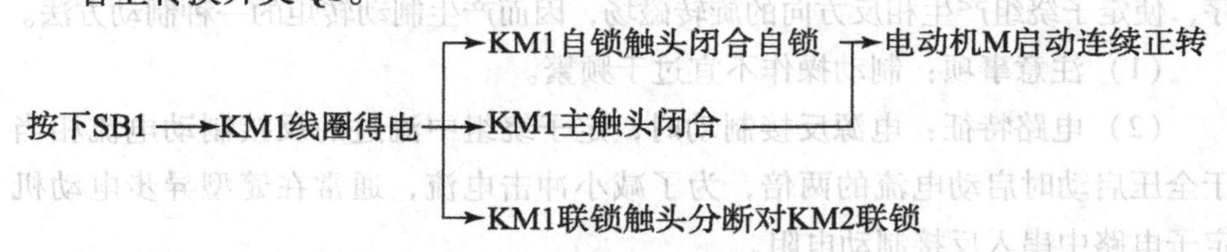

至电动机转速升到一定值时（120 r/min）

KS常开触头闭合，为制动做准备

反接制动工作原理：

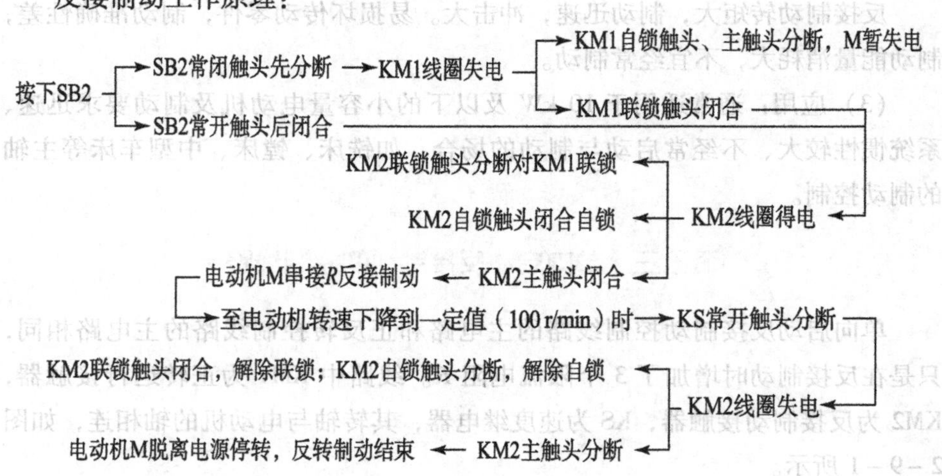

资讯四 能耗制动控制线路

能耗制动原理如图 2 –9 –2 所示。

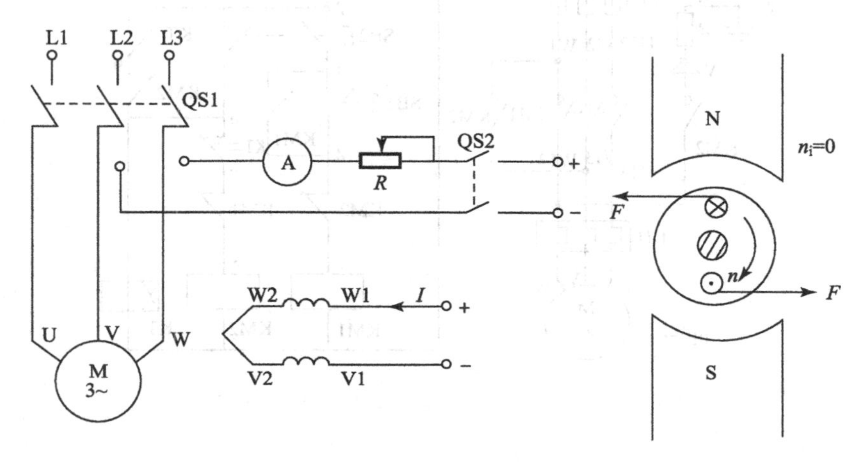

图 2 –9 –2 能耗制动原理图

电路中，断开电源开关 QS1，切断电动机的交流电源后，这时转子仍沿原方向惯性运转；随后立即合上开关 QS2，并将 QS1 向下合闸，电动机 V、W 两相定子绕组通入直流电，使定子中产生一个恒定的静止磁场，这样做惯性运转的转子因切割磁力线而在转子绕组中产生感应电流，其方向可用右手定则判断出来。转子绕组中一旦产生了感应电流，又立即受到静止磁场的作用，产生电磁转矩，用左手定则判断可知，此转矩的方向正好与电动机的转向相反，使电动机受制动迅速停转。

可见，能耗制动是当电动机切断交流电源后，立即在定子绕组的任意两相中通入直流电，迫使电动机迅速停转的方法。由于这种制动方法是通过在定子绕组中通入直流电，以消耗转子的动能来进行制动的，所以称为能耗制动，又称动能制动。

单向启动能耗制动自动控制线路：

无变压器单相半波整流单向启动能耗制动自动控制线路如图 2 –9 –3 所示，线路采用单相半波整流器作为直流电源，所用附加设备较少，线路简单，成本低，常用于 10 kW 以下小容量电动机，且对制动要求不高的场合。

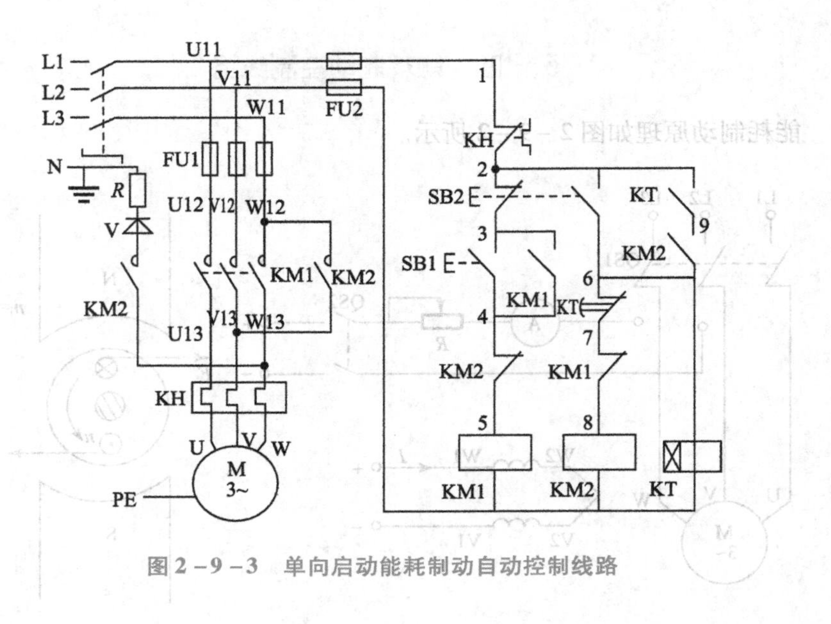

图 2-9-3　单向启动能耗制动自动控制线路

四、任务实施

1. 工具的准备

为完成工作任务，每个工作小组需要向仓库工作人员提供使用工具清单（见表 2-9-1）。

表 2-9-1　使用工具清单

序号	名称	（型号、规格）	数量	备注
1				
2				
3				
4				
5				

2. 元器件的选择

为完成工作任务，每个工作小组需要向仓库工作人员提供领用元器件清单（见表 2-9-2）。

表2-9-2 电器元件明细表

序号	代号	名称	（型号、规格）	数量	备注
1					
2					
3					
4					
5					

3. 安装与调试三相异步电动机的制动控制线路

1）设计要求

（1）根据控制要求设计一台电动机采用无变压器单相半波整流单相启动能耗制动控制电路，其控制要求如下：

①要求电路中设有单相半波整流能耗制动电气装置。

②接下启动按钮，线路单相启动；在任何时间按下停止按钮，电动机都要立即停止运行。

③进入能耗制动停车，待电机转速下降到零时，电机停止，同时线路能自动地切断制动线路电源，能耗制动结束。

④电路中要设有短路、失压、过载、联锁等保护装置。

⑤根据设计的电气原理图配置相关电器元件和计算制动电阻阻值。

（2）根据任务要求设计出安装与调试三相电动机制动控制线路电器布置图。

（3）根据任务要求设计出安装与调试三相电动机的制动控制线路电气接线图。

2）安装步骤及工艺要求

（1）逐个检验电气设备和元件的规格及质量是否合格。

（2）正确选配导线的规格、导线通道类型和数量、接线端子板型号等。

（3）在控制板上安装电器元件，并在各电器元件附近做好与电路图上相同代号的标记。

（4）按照控制板内布线的工艺要求进行布线和套编码套管。

（5）选择合理的导线走向，做好导线通道的支持准备，并安装控制板外部的所有电器。

（6）进行控制箱外部布线，并在导线线头上套装与电路图相同线号的编码套管。对于可移动的导线通道应放适当的余量，使金属软管在运动时不承受拉力，并按规定在通道内放好备用导线。

(7) 检查电路的接线是否正确和接地通道是否具有连续性。

(8) 检查热继电器的整定值是否符合要求。各级熔断器的熔体是否符合要求，如不符合要求应予以更换。

(9) 检查电动机的安装是否牢固，与生产机械传动装置的连接是否可靠。

(10) 检测电动机及线路的绝缘电阻，清理安装场地。

3）通电调试

(1) 通电空转试验时，应认真观察各电器元件、线路。

(2) 通电带负载试验时，应认真观察各电器元件、线路。

4）注意事项

(1) 不要漏接接地线。严禁采用金属软管作为接地通道。

(2) 在导线通道内敷设的导线进行接线时，必须集中思想，做到查出一根导线，立即套上编码套管，接上后再进行复验。

(3) 在安装、调试过程中，工具、仪表的使用应符合要求。

(4) 通电操作时，必须严格遵守安全操作规程。

五、任务评价

1. 成果展示

各小组派代表上台总结完成任务的过程中学会了哪些技能、发现错误后如何改正，并展示已接好的电路，在老师的监护下通电试验效果。

按下启动按钮时的工作情况：________________________________

按下停止按钮时的工作情况：________________________________

其他小组提出的改进建议：________________________________

2. 各小组对工作岗位的“7S”处理

在小组和教师都完成工作任务总结以后，各小组必须对自己的工作岗位进行“整理、整顿、清扫、清洁、安全、素养、节约”的7S处理；归还所借的工、量具和实习工件。

3. 评价表

完成表 2－9－3。

表 2－9－3 正确安装、选择检测三相异步电动机的制动控制线路评价表

<table>
<tr><td colspan="2">班级：________
小组：________
姓名：________</td><td colspan="5">指导教师：________________
日　　期：________________</td></tr>
<tr><td rowspan="2">评价项目</td><td rowspan="2">评价标准</td><td rowspan="2">评价依据</td><td colspan="3">评价方式</td><td rowspan="2">小计</td></tr>
<tr><td>学生自评（20%）</td><td>小组互评（30%）</td><td>教师评价（50%）</td></tr>
<tr><td>职业素养</td><td>（1）遵守企业规章制度、劳动纪律。
（2）按时按质完成工作任务。
（3）积极主动承担工作任务，勤学好问。
（4）注意人身安全与设备安全。
（5）工作岗位 7S 完成情况</td><td>（1）出勤。
（2）工作态度。
（3）劳动纪律。
（4）团队协作精神</td><td></td><td></td><td></td><td></td></tr>
<tr><td>专业能力</td><td>（1）理解无变压器单相半波整流单相启动能耗制动控制电路在工厂中的应用范围。
（2）理解电动机制动的方法和种类，理解能耗制动的工作原理。
（3）学会单相半波和全波整流单相启动能耗制动控制电路的设计技巧和方法。
（4）能根据控制要求设计出无变压器单相半波整流单相启动能耗制动控制电路图
（5）能掌握相应电器元件的布置和布线方法</td><td>（1）操作的准确性和规范性。
（2）工作页或项目技术总结完成情况。
（3）专业技能任务完成情况</td><td></td><td></td><td></td><td></td></tr>
</table>

续表

<table>
<tr><td colspan="2">班级：________
小组：________
姓名：________</td><td colspan="5">指导教师：________

日　期：________</td></tr>
<tr><td rowspan="2">评价项目</td><td rowspan="2">评价标准</td><td rowspan="2">评价依据</td><td colspan="3">评价方式</td><td rowspan="2">小计</td></tr>
<tr><td>学生自评（20%）</td><td>小组互评（30%）</td><td>教师评价（50%）</td></tr>
<tr><td>创新能力</td><td>（1）在任务完成过程中能提出自己的见解和方案。
（2）在教学或生产管理上提出建议，具有创新性</td><td>（1）方案的可行性及意义。
（2）建议的可行性</td><td></td><td></td><td></td><td></td></tr>
<tr><td>合　计</td><td colspan="6"></td></tr>
</table>

六、任务拓展

试给某机床设计一个控制线路。

要求：

（1）有变压器单相桥式整流单向启动能耗制动的控制线路。

（2）具有过载、短路、失压和欠压保护功能。

项目三 常用生产机械的电气控制线路安装、调试与维修

任务一 正确安装、调试与检修 CA6140 车床的电气控制线路

一、教学指引

教学步骤	教 学 方 式
任务资讯	自学、查资料、互相讨论
任务讲解	重点讲述 CA6140 车床电气控制线路调试与维修
任务实施	导入情景，采取学生训练与教师示范、巡回指导相结合的方式
任务评价	采用学生自评、互评及教师评的方式

二、任务单

任务名称	正确安装、调试与检修 CA6140 车床的电气控制线路	实训设备	
小组成员			
任务要求	（1）掌握 CA6140 车床的主要运动形式，能进行通电试车操作。 （2）能根据 CA6140 车床电气原理图和实际情况设计电器布置图和电气安装接线图。 （3）熟悉 CA6140 车床电路的工作原理，掌握其安装调试方法。 （4）掌握 CA6140 车床常见故障的排除方法		

续表

任务名称	正确安装、调试与检修 CA6140 车床的电气控制线路	实训设备	
任务描述	在此项典型工作任务中主要使学生掌握 CA6140 车床的电气工作原理图、电器布置图、电气安装接线图及处理常见故障的能力。学生接到安装和检修任务后，应根据任务要求，准备工具和材料，做好工作现场准备，严格遵守作业规范进行施工，安装完毕后进行自检，填写相关表格并交检测指导教师验收。按照现场管理规范清理场地、归置物品		
任务目标	**知识目标：** （1）识读电路图、布置图、接线图的原则。 （2）说出 CA6140 车床电气控制线路的工作原理。 **技能目标（专业能力）：** （1）熟悉 CA6140 车床的主要运动结构和运动特点。 （2）掌握 CA6140 车床电气控制线路原理图、电器布置图和电气接线图。 （3）掌握 CA6140 车床电气控制线路的故障分析及排除方法的思路。 （4）学会 CA6140 车床电气故障检修步骤及要求。 （5）各小组发挥团队合作精神，学会机床故障检修的步骤、实施、成果评估。 **安全规范目标：** （1）处理好工作中已拆除的电线，以防止触电。 （2）带电试车前须检查无误后方能送电，且有指导老师监护。 （3）工作完毕后，按照现场管理规范清理场地、归置物品		

三、任务资讯

CA6140 型车床是普通车床的一种，虽然它的加工范围较广，但自动化程度低，仅适用于小批量生产及修配车间使用。

资讯一　主要结构及运动特点

普通车床主要由床身、主轴变速箱、进给箱、溜板箱、刀架、尾架、丝杠和光杠等部件组成。主轴变速箱的功能是支承主轴和传动、变速，包含主轴及其轴承、传动机构、启停及换向装置和 12 级反转转速（14 ~ 1 580 r/min）。进给箱的作用是变换被加工螺纹的种类和导程，以及获得所需的各种进给量。它通常由变换螺纹导程和进给量的变速机构、变换螺纹种类的移换机构、丝杠和光杠转换机构以及操纵机构等组成。溜板箱的作用是将丝杠或光杠传来的旋转运动转变为直线运动并带动刀架进给，控制刀架运动的接通、断开和换向等。刀架则用来安装车刀并带动其做纵向、横向和斜向进给运动。车床有两个主要运动，一个是卡盘或顶尖带动工件的旋转运动，另一个是溜板带动刀架的直线移动。前者称为主运动，后者称为进给运动。中、小型普通车床的主运动和进给运动一般是采用一台异步电动机驱动的。此外，车床还有辅助运动，如溜板和刀架的快速移动、尾架的移动以及工件的夹紧与放松等。

资讯二　CA6140 微型车床概述

1. CA6140 微型车床模型

CA6140 微型车床模型如图 3－1－1 所示。

图 3－1－1　CA6140 微型车床模型

2. 电气控制要求

根据车床的运动情况和工艺需要，车床对电气控制提出如下要求：

（1）主拖动电动机一般选用三相鼠笼式异步电动机，并采用机械变速。

（2）为车削螺纹，主轴要求正、反转，小型车床由电动机正、反转来实现，CA6140 型车床则靠摩擦离合器来实现，电动机只做单向旋转。

（3）一般中、小型车床的主轴电动机因其功率不大，所以均采用直接启动。停车时为实现快速停车，一般采用机械制动。

（4）车削加工时，需用切削液对刀具和工件进行冷却。为此，设有一台冷却泵电动机，拖动冷却泵输出冷却液。

(5) 冷却泵电动机与主轴电动机有着联锁关系，即冷却泵电动机应在主轴电动机启动后才可选择启动；而当主轴电动机停止时，冷却泵电动机立即停止。

(6) 刀架移动和主轴转动之间有固定的比例关系，以便满足切削螺纹的加工需要。这种比例关系由机械传动保证，对电气方面无任何要求。

(7) 为实现溜板箱的快速移动，由单独的快速移动电动机拖动，且采用点动控制。

(8) 电路应有必要的保护环节、安全可靠的照明电路和信号电路。

资讯三　CA6140 型车床的控制线路工作原理

1. CA6140 型车床的电气控制原理

CA6140 型车床的电气控制原理图如图 3-1-2 所示，为便于读图分析、查找图中某元器件或设备的性能及位置，机床电路图的表示方法有其相应的特点。

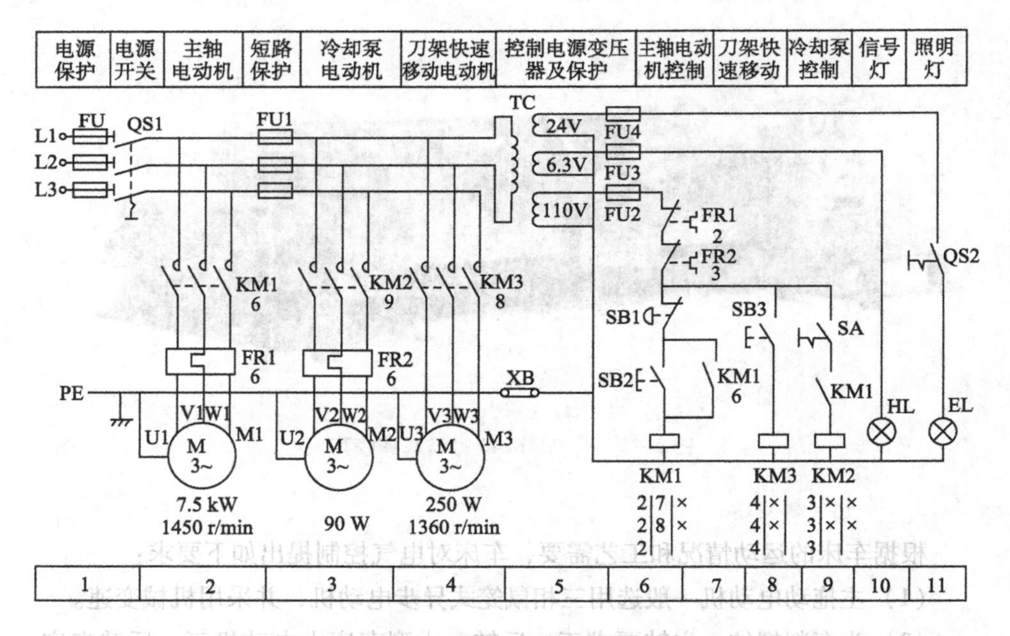

图 3-1-2　CA6140 型车床的控制线路工作原理图

主电路有 3 台电动机，均为正转控制。主轴电动机 M1 由交流接触器 KM1 控制，带动主轴旋转和工件做进给运动；冷却泵电动机 M2 由交流接触器 KM2 控制，输送切削冷却液；刀架快速移动电动机 M3 由 KM3 控制，在机械手柄的控制下带动刀架快速做横向或纵向进给运动。主轴的旋转方向、主轴的变速和刀架的移动方向均由机械控制实现。

［提示］机床电路的读图应从主电路着手，根据主电路电动机控制形式，分析其控制内容，包括启动方式、调速方法、制动控制和自动循环等基本控制环节。

（1）机床电源引入。三相交流电源 L1、L2、L3 经熔断器 FU（FU 作整机电源短路保护）、电源总开关 QS1（接通和分断整机电源之用），并经交流变压器 TC 变压提供控制回路的电源，FU2 为控制电路短路保护。

（2）主轴电动机的控制。由启动按钮 SB2、停止按钮 SB1 和接触器 KM1 构成电动机单向连续运转启动－停止电路。按下 SB2→KM1 线圈通电并自锁→KM1 主触头闭合→M1 单向全压启动，通过摩擦离合器及传动机构拖动主轴正转或反转。停止时，按下 SB1→KM1 断电→KM1 主触头分断→M1 自动停车。

（3）快速移动电动机 M3 的控制。由按钮 SB3 来控制接触器 KM3，从而实现 M3 的点动。操作时，先将快、慢速进给手柄扳到所需移动方向，即可接通相关的传动机构，再按下 SB3，即可实现该方向的快速移动。

（4）冷却泵电动机 M2 的控制。主轴电动机启动之后，KM1 辅助触点闭合，此时合上开关 SA→KM2 线圈通电→M2 全压启动。停止时，断开 SA 或使主轴电动机 M1 停止，则 KM2 断电，使 M2 自动停车。

（5）车床照明、信号指示回路。控制变压器 TC 的二次侧输出的 24 V、6.3 V 电压分别作为车床照明 EL、信号指示 HL 的电源，FU4、FU3 分别为其各自的回路提供短路保护。

2. 举例说明电器布置图及电气接线图

（1）电器布置如图 3－1－3 所示。

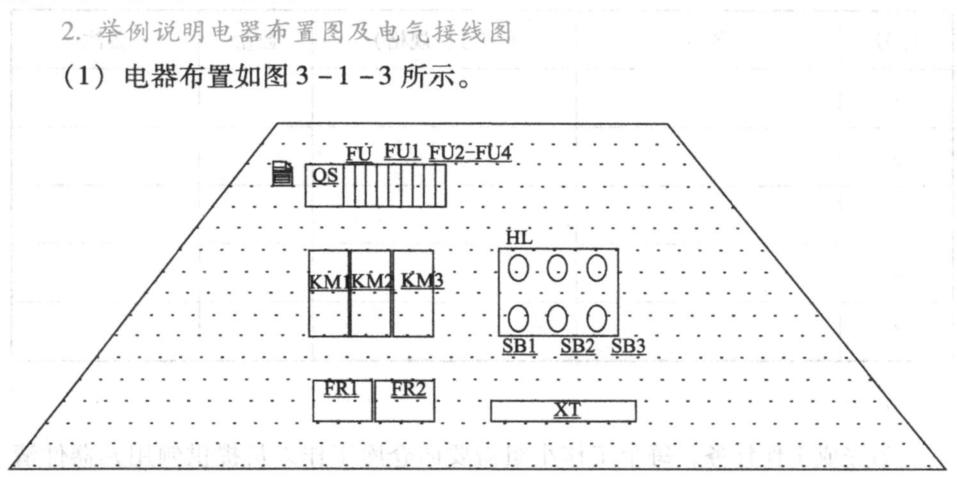

图 3－1－3　电器布置图

(2) 电气接线图如图 3-1-4 所示。

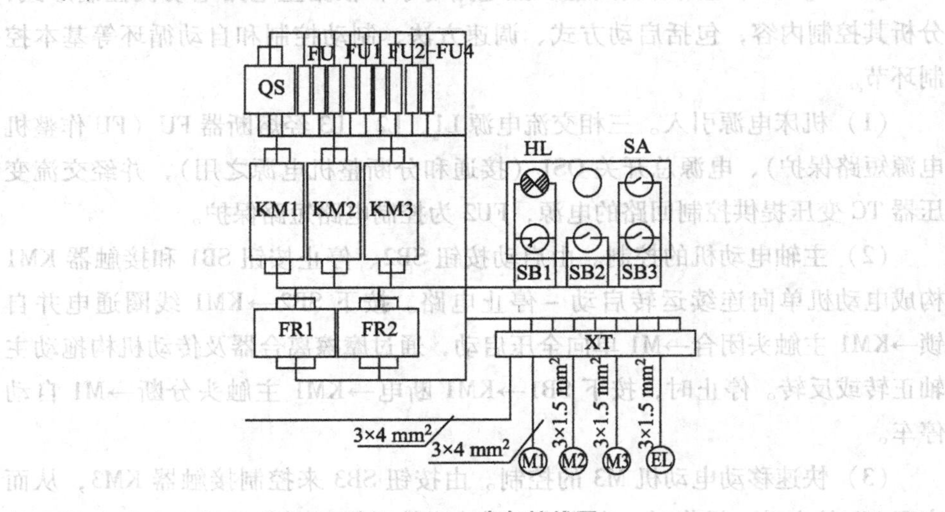

图 3-1-4 电气接线图

四、任务实施

1. 工具的准备

为完成工作任务，每个工作小组需要向仓库工作人员提供使用工具清单（见表 3-1-1）。

表 3-1-1 使用工具清单

序号	名称	（型号、规格）	数量	备注
1				
2				
3				
4				
5				

2. 元器件的选择

为完成工作任务，每个工作小组需要向仓库工作人员提供领用元器件清单（见表 3-1-2）。

表 3-1-2 电器元件明细表

序号	代号	名称	（型号、规格）	数量	备注
1					
2					
3					
4					
5					

3. 安装 CA6140 车床电气控制线路

1）设计要求

（1）根据任务要求设计出 CA6140 车床电器布置图。

（2）根据任务要求设计出 CA6140 车床电气接线图。

2）安装步骤及工艺要求

（1）逐个检验电气设备和元件的规格及质量是否合格。

（2）正确选配导线的规格、导线通道类型和数量、接线端子板型号等。

（3）在控制板上安装电器元件，并在各电器元件附近做好与电路图上相同代号的标记。

（4）按照控制板内布线的工艺要求进行布线和套编码套管。

（5）选择合理的导线走向，做好导线通道的支持准备，并安装控制板外的所有电器。

（6）进行控制箱外部布线，并在导线线头上套装与电路图相同线号的编码套管。对于可移动的导线通道应放适当的余量，使金属软管在运动时不承受拉力，并按规定在通道内放好备用导线。

（7）检查电路的接线是否正确和接地通道是否具有连续性。

（8）检查热继电器的整定值是否符合要求。各级熔断器的熔体是否符合要求，如不符合要求应予以更换。

（9）检查电动机的安装是否牢固，与生产机械传动装置的连接是否可靠。

（10）检测电动机及线路的绝缘电阻，清理安装场地。

（11）点动控制各电动机启动、转向是否符合要求。

3）通电调试

（1）通电空转试验时，应认真观察各电器元件、线路。

（2）通电带负载调试时，认真观察电动机及传动装置的工作情况是否正常。如不正常，应立即切断电源进行检查，在调整或修复后方能再次通电试车。

(3) 如调试中发现线路有故障，应按照表3-1-3常见故障现象及处理表进行分析。

4) 注意事项

(1) 不要漏接接地线。严禁采用金属软管作为接地通道。

(2) 在控制箱外部进行布线时，导线必须穿在导线通道内或敷设在机床底座内的导线通道里。所有的导线不允许有接头。

(3) 在导线通道内敷设的导线进行接线时，必须集中思想，做到查出一根导线，立即套上编码套管，接上后再进行复验。

(4) 在进行快速进给时，要注意将运动部件处于行程的中间位置，以防止运动部件与车头或尾架相撞产生设备事故。

(5) 在安装、调试过程中，工具、仪表的使用应符合要求。

(6) 通电操作时，必须严格遵守安全操作规程。

4. 检修CA6140车床电气控制线路

针对表3-1-3中所列故障现象分析故障范围，编写检修流程，合理设置故障，按照规范检修步骤排除故障。

表3-1-3 常见故障现象与处理

序号	故障现象	检查要点	处理方法
1	漏电保护断路器合不上	(1) 主要检查线路接地点和所有导线接点与网孔板之间的距离。 (2) 检查漏电保护断路器	(1) 做好导线接点的绝缘处理。 (2) 更换漏电保护断路器
2	指示灯HL不亮	(1) 检查指示灯HL。 (2) 检查变压器TC 6.3 V电压。 (3) 检查熔断器FU3	(1) 更换指示灯HL。 (2) 再检查电源电压，如正常则更换变压器TC。 (3) 更换熔断器FU3熔体
3	指示灯亮，但各电动机均不能启动	(1) 检查变压器TC 110 V电压。 (2) 检查熔断器FU2。 (3) 检查控制电路	(1) 再检查电源电压，如正常则更换变压器TC。 (2) 更换熔断器FU2熔体。 (3) 修复按钮开关或触点
4	主轴电动机不能启动	(1) 检查接触器KM1的线圈。 (2) 检查接触器KM1的主触头。 (3) 检查热继电器FR1	(1) 更换电源熔断器FU熔体。 (2) 修复接触器KM1的主触头。 (3) 更换热继电器FR1

续表

序号	故障现象	检查要点	处理方法
5	按下启动按钮，电动机发出嗡嗡声，不能启动	（1）检查电源熔断器 FU。 （2）检查接触器 KM1 的主触头。 （3）检查热继电器 FR1	（1）更换电源熔断器 FU 熔体。 （2）修复接触器 KM1 的主触头。 （3）更换热继电器 FR1
6	主轴电动机启动后不能自锁	（1）检查接触器 KM1 的自锁触头。 （2）检查自锁回路的连接线	（1）修复接触器 KM1 的自锁触头。 （2）修复连接线
7	冷却泵电动机不能启动	（1）检查接触器 KM2 线圈回路。 （2）检查接触器 KM2 主触头。 （3）检查热继电器 FR2	（1）修复接触器 KM2 线圈回路。 （2）修复接触器 KM2 主触头。 （3）更换热继电器 FR2
8	快速移动电动机不能启动	（1）检查接触器 KM3 线圈回路。 （2）检查接触器 KM3 主触头	（1）修复接触器 KM3 线圈回路。 （2）修复接触器 KM3 主触头
9	照明灯不亮	（1）变压器 TC 24 V 电压和熔断器 FU4。 （2）检查开关 QS2 和照明灯 EL。 （3）检查变压器 TC、开关 QS2 和照明灯 EL 之间的连接线	（1）更换熔断器 FU4。 （2）更换开关 QS2 和照明灯 EL。 （3）修复变压器 TC、开关 QS2 和照明灯 EL 之间的连接线

五、任务评价

1. 成果展示

各小组派代表上台总结在完成任务的过程中掌握了哪些技能技巧、发现错误后如何改正，并展示已接好的电路，通电试验，叙述常见故障现象与处理。

2. 各小组对工作岗位的“7S”处理

在小组和教师都完成工作任务总结以后，各小组必须对自己的工作岗位进行“整理、整顿、清扫、清洁、安全、素养、节约”的7S处理；归还所借的工、量具和实习工件。

3. 评价表

完成表 3－1－4。

表 3－1－4　正确安装、调试与检修 CA6140 车床的电气控制线路评价表

班级：__________　　指导教师：__________

小组：__________

姓名：__________　　日　期：__________

评价项目	评价标准	评价依据	评价方式			小计
			学生自评（20%）	小组互评（30%）	教师评价（50%）	
职业素养	（1）遵守企业规章制度、劳动纪律。 （2）按时按质完成工作任务。 （3）积极主动承担工作任务，勤学好问。 （4）注意人身安全与设备安全。 （5）工作岗位 7S 完成情况	（1）出勤。 （2）工作态度。 （3）劳动纪律。 （4）团队协作精神				
专业能力	（1）熟练讲解 CA6140 型车床主要运动和结构特点。 （2）能对 CA6140 型车床电气控制线路进行安装与调试。 （3）编制车床维修计划及方案。 （4）掌握机床故障检修方法。 （5）具有较强的故障排除能力	（1）操作的准确性和规范性。 （2）项目技术总结完成情况。 （3）专业技能任务完成情况				
创新能力	（1）在任务完成过程中能提出自己的见解和方案。 （2）在教学或生产管理上提出建议，具有创新性	（1）方案的可行性及意义。 （2）建议的可行性				
合　计						

六、任务拓展

根据给出的 CA6140 型车床电气控制线路原理图，试按以下要求对电气控制线路进行改进设计并画出新的电气控制线路原理图。

创新要求：

（1）无论打开电箱门或皮带齿轮箱门都能断开整机电源。

（2）主轴启动既有连续运转又有点动控制。

任务二 正确安装、调试与检修 X62W 型万能铣床的电气控制线路

一、教学指引

教学步骤	教 学 方 式
任务资讯	自学、查资料、互相讨论
任务讲解	重点讲述 X62W 型万能铣床电气控制线路的调试与检修
任务实施	导入情景，采取学生训练与教师示范、巡回指导相结合的方式
任务评价	采用学生自评、互评及教师评的方式

二、任务单

任务名称	正确安装、调试与检修 X62W 型万能铣床的电气控制线路	实训设备	
小组成员			
任务要求	（1）掌握机床的主要运动形式，能进行通电试车操作。 （2）能根据 X62W 型万能铣床电气原理图和实际情况设计 X62W 型万能铣床的电器布置图和电气安装接线图。 （3）熟悉 X62W 型万能铣床电路的工作原理及其安装调试方法。 （4）掌握 X62W 型万能铣床常见故障的排除方法		

续表

任务名称	正确安装、调试与检修X62W型万能铣床的电气控制线路	实训设备	
任务描述	在此项典型工作任务中主要使学生掌握X62W型万能铣床的电气工作原理图、电器布置图、电气安装接线图及培养学生处理常见故障的能力。学生接到安装和检修任务后，应根据任务要求，准备工具和材料，做好工作现场准备，严格遵守作业规范进行施工，安装完毕后进行自检，填写相关表格并交检测指导教师验收。按照现场管理规范清理场地、归置物品		
任务目标	**知识目标：** （1）识读电路图、布置图、接线图的原则。 （2）说出X62W型万能铣床电气控制线路的工作原理。 **技能目标（专业能力）：** （1）熟悉X62W型万能铣床的主要运动结构和运动特点。 （2）掌握X62W型万能铣床电气控制线路原理图、电器布置图和电气接线图。 （3）掌握X62W型万能铣床电气控制线路的故障分析及排除方法的思路。 （4）学会X62W型万能铣床电气故障检修步骤及要求。 （5）各小组发挥团队合作精神，学会机床故障检修的步骤、实施、成果评估。 **安全规范目标：** （1）处理好工作中已拆除的电线，以防止触电。 （2）带电试车前须检查无误后方能送电，且有指导老师监护。 （3）工作完毕后，按照现场管理规范清理场地、归置物品		

三、任务资讯

X62W万能铣床是一种通用的多用途机床，它可以用圆柱铣刀，圆片铣刀，角度铣刀，成型铣刀及端面铣刀等刀具各种零件进行平面、斜面、螺旋面及成型表面的加工，还可以加装万能铣头，分度头和圆工作台等机床附件来扩大加工范围，此电路采用三台电动机拖动工作。

资讯一　主要结构及运动形式

1. 主要结构

由床身、主轴、刀杆、悬架、工作台，回转盘、横溜板、升降台、底座等几部分组成。

2. 型号意义

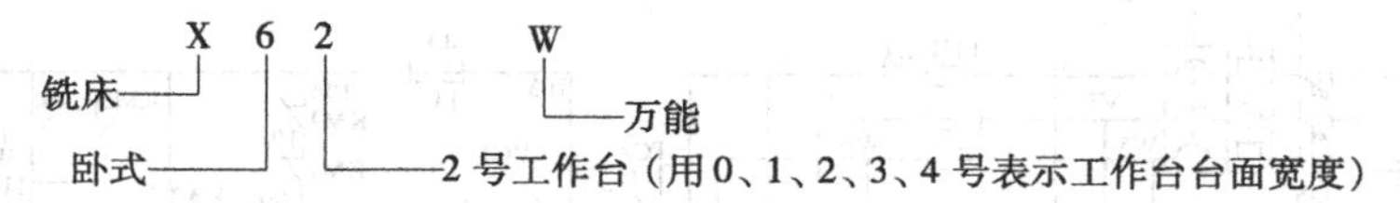

3. X62W 万能铣床的运动形式

（1）主运动：主轴带动铣刀的旋转运动。

（2）进给运动：加工中工作台带动工件做纵向、横向和垂直3个方向的移动以及圆形工作台的旋转运动。

（3）辅助运动：工作台带动工件在3个方向的快速移动。

资讯二 X62W 万能铣床电力拖动要求与控制特点

（1）主轴电动机需要正、反转，但方向的改变不频繁，根据加工工艺的要求，有的工件需要顺铣（电机正转），有的工件需要逆铣（电机反转），大多数情况下是一批或多批工件只用一种方向铣削，并不需要经常改变电动机转向。

（2）铣刀的切削是一种不连续切削，容易使机械传动系统发生振动，为了避免这种现象，在主轴传动系统中装有惯性轮，但在高速切削后，停车很费时间，故采用电磁离合制动。

（3）工作台可做6个方向的进给运动，又可以在6个方向上快速移动。

（4）为了防止刀具和机床的损坏，要求只有主轴旋转后，才允许有进给运动。为了减小加工件表面的粗糙度，只有进给停止后主轴才能停止或同进停止。

（5）主轴运动和进给运动采用变速盘来进行还度选择，保证变速齿轮进入良好啮合状态，两种运动都要求变速后做瞬时点动。

资讯三 X62W 万能铣床的电气控制线路

X62W 万能铣床的电气控制线路如图 3-2-1 所示。

资讯四 电气控制线路的分析

1. 主电路分析

（1）主电动机 M1 拖动主轴带动铣刀进行铣削加工。

（2）工作台进给电动机 M2 拖动升降中及工作台进给。

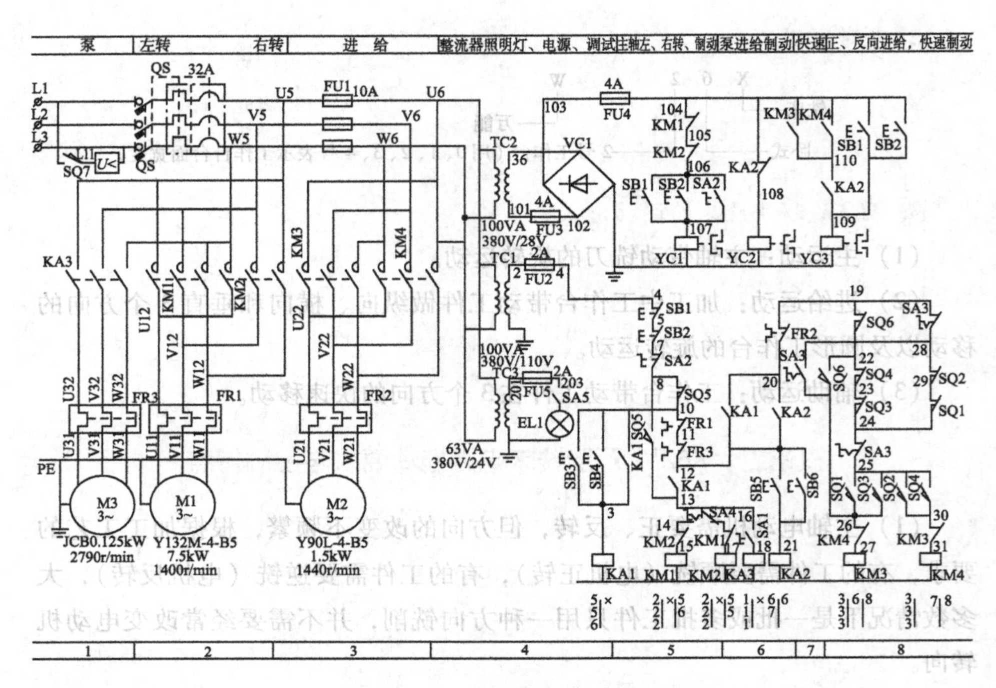

图 3－2－1　万能铣床的电气控制线路图

（3）冷却泵电动机 M3 提供冷却液。

以上每台电动机均有热继电器作过载保护。

2. 控制电路分析

（1）工作台的运动方向有上、下、左、右、前、后 6 个方向。

（2）工作台的运动，由操纵手柄来控制，此手柄有 5 个位置，此 5 个位置是联锁的，各方向的进给不能同时接通。床身导轨旁的挡铁和工作台底座上的挡铁撞动十字手柄，使其回到中间位置，行程开关动作，从而实现直运终端保护。

3. 主轴电动机的控制

启动：按下 SB3 或 SB4，SB_3、SB_4 分别装在机床两处，方便操纵。SB1 和 SB2 是停止按钮（制动）。SA4 是主轴电动机 M1 的电源换相开关。

（1）正向主轴启动的控制回路：

FU3—FR1—FR2—FR3—SQ7 - 2—SB1—SB2—SB3—或 SB4—KM2—KM1 线圈—0

（2）反向主轴电动机 M1 控制：

控制回路同正向启动控制相同，只是主电路需将 SA4 扳到“反向转动”

位置，使 U13 接 W14，W13 接 U14。

（3）主轴电动机 M1，正向转动时的反接制动。

当主轴电动机正向启动转速上升到 120 r/min 时，正向速度继电器的动合触点 KS2 闭合，为 M1 的反接制动做好准备。

主轴电动机 M 反向转动时的反接制动控制回路与正向转动时的反接制动控制回路相同，不同的是将 KS2 换成反向速度继电器 KS1。

4. 主轴速度变速时，电动机 M1 的瞬时冲动控制

主轴变速时，为了使齿轮在变速过程中易于啮合，须使主轴电动机 M1 瞬时转动一下。

主轴变速时，拉出变速手柄，使原来啮合好的齿轮脱开转动变速转孔盘（实质是改变齿轮传动比），选择好所需转速，再把变速手柄推回原位置，使改变了传动比的齿轮组重新啮合。由于齿轮之间位置不能刚好对上，造成啮合上的困难。在推回的过程中，联动机构压下主轴变速瞬动限位开关 SQ7，SQ7－2 常闭分断切断 KM1 和 KM2 自锁供电电路。SQ7－1 常开闭合→KM2 线圈得电（瞬时通电）但不自锁→KM2 主触头闭合，M1 反接制动电路接通，经限流电阻 R 瞬时接通电源作瞬时转动一下，带齿轮系统抖动，使变速齿轮顺利啮合。当变速手柄推回到原位时，SQ7 复位，切断了瞬时冲动线路，SQ7－2 复位闭合，为 M1 下次得电做准备。

注意：不论是开车还是停车时变速，都应以较快的速度把变速手柄推回原位，以免通电时间过长，引起 M1 转速过高而打坏齿轮。

5. 工作台进给电动机 M2 控制

（1）工作台向右进给运动控制：

将手柄扳向“右”位置，在机械上接通了纵向进给离合器，在电气上压动限位开关 SQ1，SQ1－2 常闭分断，SQ1－1 常开闭合。这时通过 KM1 辅助常开闭合→SQ6－2—SQ4－2—SQ3－2—SA1－1 闭合→KM4 线圈得电→KM4→主触头闭合→电动机 M2 得电正转，拖动工作台向右进给。

（2）工作台向左进给运动控制，将操纵手柄扳向“左”位置：

压合 SQ2→SQ2－2 常闭触头分断，SQ2－1 常开闭合，这时通过 KM1 辅助常开闭合，SQ6－2、SQ4－2、SQ3－2、SA1－1 的闭合→KM3 线圈得电→KM3 主触头闭合→电动机 M2 得电反转，拖动工作台向左进给。

停止：将操纵手柄扳回到中间位置。SQ2－1 分断→KM3 线圈失电→KM3 主触头分断→电动机 M2 停转，工作台停止向左进给运动。

（3）工作台向上运动控制：

将操作手柄扳到向“上”位置，在机械上接通垂直离合器，在电气上压动限位开关SQ4，SQ4－2常闭分断，SQ4－1常开闭合，这时通过KM1辅助常开闭合，通过SA1－3、SA2－2、SQ2－2、SQ1－2、SA1－1闭合→KM3线圈得电→KM3主触头闭合→电动机M2得电反转，拖动工作台向上运动。

停止：将操作手柄扳回到中间位置：SQ4－1分断→KM3线圈失电→KM3主触头分断→电动机M2停转，工作台停止向上运动。

（4）工作台向下运动控制，将操纵手柄扳向“下”位置：

压合SQ3，SQ3－2常闭合分断，SQ3－1常开闭合，这时通过KM1辅助常开闭合，通过SA1－3、SA2－2、SQ2－2、SQ1－2、SA1－1的闭合→KM4线圈得电→KM4主触头闭合→电动机M2得电，拖动工作台停止：将操纵手柄扳到中间位置，SQ3－1常开分断→KM4线圈失电→KM4主触头分断→电动机M2失电，工作台停止向下运动。

（5）工作台进给变速时的冲动控制：

在改变工作台进给速度时，为了使齿轮易于啮合，也需要电动机M2瞬时冲动一下。先将蘑菇手柄向外拉出并转动手柄，转盘跟着转动，把所需进给速度标尺数字对准箭头。再将蘑菇手柄用力向外拉到极限位置瞬间，连杆机构瞬时压合行程开关SQ6，SQ6－2常闭先分断，SQ6－1常开后闭合，这时通过SA1－3、SA2－2、SQ2－2、SQ1－2、SQ3－2、SQ4－2的闭合→KM4线圈得电→KM4主触头闭合→进给电动机M2反转，因为是瞬时接通，进给电动机M2只是瞬时冲动一下，从而保证变速齿轮易于啮合。只有当进给操纵手柄在中间（停止）位置时，才能实现进给变速冲动控制。当手柄推回原位后，SQ6复位；KM4线圈失电→KM4主触头分断→电动机M2瞬时冲动结束。

6. 工作台进给的快速移动控制

工作台向上、下、前、后、左、右6个方向快速移动，由垂直与横向进给手柄，纵向进给手柄和快速移动按钮SB5、SB6配合实现。

进给快速移动可分手动控制和自动控制两种，自动控制又可分为单程自动控制，半自动循环控制和全自动循环控制3种方式，目前都采用手动的快速行程控制。

先将主轴电动机启动，再将操纵手柄扳到所需位置，按下SB5或SB6

（两地控制）→KM5 线圈得电→KM5 主触头闭合→接通牵引电磁铁 YA，在电磁铁动作时，通过杠杆使摩擦离合器合上，使工作台按原运动方向快速移动，松开 SB5 或 SB6→KM5 线圈失电→KM5 主触头分断→电磁铁 YA 失电，摩擦离合器分离快速移动停止，工作台按原进给速度继续运动。快速移动采用点动控制。

7. 工作台纵向（左右）自动控制

本机床只需在工作台前安装各种挡铁，依靠各种挡铁随工作台一起运动时与手柄星形轮碰撞而压合限位开关 SQ1、SQ2、SQ5，并把 SA2 开关扳向“自动”位置，更可实现工作台纵向“左右”运动时的各种自动控制。

（1）单程自动控制、向左或向右运动启动→快速→进给（常速）→快速→停止。

第一步，将转换开关 SA2 置于“自动”位置，SA2－2 常闭分断，SA2－1 常开闭合，然后启动电动机 M1。

第二步，将纵向操纵手柄扳向“左”位置，压合限位开关 SQ2，SQ2－2 常闭分断，SQ2－1 常开闭合→KM3 线圈得电→

→KM3联锁触头分断对KM4联锁
→KM3常开触头闭合
→KM3主触头闭合 → 电动机M2得电运转 → 工作台向左快速移动。

第三步，当工作台面快速向左移至工作接近铣刀时，1 号挡铁碰撞星形轮，使它转过一个齿，使 SQ5－2 常闭分断，KM5 线圈失电，SQ5－1 常开闭合，KM3 线圈双回路通电，工作台停止快移，以常速向左进给，切削工件。

第四步，当切削完毕；工作离开铣刀时，另一个 1 号挡铁又碰撞星形轮，使它转过一个齿，并使 SQ5－2 闭合，KM5 线圈得电，工作台又转为快速向左移动。

第五步，向左移至 4 号挡铁，碰撞手柄推回停止位置，SQ2－1 断开→KM3 线圈失电→KM3 主触头分断→电动机 M2 停转。工作台在左端停止。

（2）半自动循环控制启动→快速→常速进给→快速回程→停止。

工作过程为 5 步，前三步与单程自动控制的前三步相同，第四步为：当切削完毕，工件离开铣刀时，手柄在 2 号挡铁作用下，由左移到中间（停止）位置，此时 SQ2－1 分断，KM3 线圈通电，KM3 常开触头仍保持接通吸合，同时 2 号挡铁下面的斜面压住销子离合器保持接合状态，工作台仍以进给速度继续向左移动。直到2号挡铁将星形轮碰一个齿，手柄撞到“向右”位置，SQ1－1闭合，SQ5－1分断，SQ5－2闭合，KM3线圈失电，KM4线圈得电及电磁铁YA得电吸合，工作台向左快速移动返回。

当工作台向右快移至5号挡铁碰撞手柄时，将手柄推回中间（停止）位置，SQ1－1断开，电动机M2停转，工作台在右端停止。

8. 圆形工作台的控制

将操纵手柄扳到中间“停”位置，把圆形工作台组合开关SA2－2扳到“接通”位置，这时开关接点SA1－2闭合，SA1－1和SA1－3断开。

按下SB3或SB4，KM1线圈得电和KM4线圈得电，主轴电动机M1和进给电动机M2相继启动运转。M2仅以反转方向带动一根专用轴，使圆形工作台绕轴心做定向回转运动，铣刀铣出圆。圆形工作台不调速，不正转。按下主轴停止按钮SB1或SB2，则主轴与圆形工作台同时停止。

9. 冷却泵电动机M3控制

主轴电动机启动后，冷却泵电动机M3才启动。

合上电开关SA3→KM6线圈得电→KM6主触头闭合→电动机M3启动运转→提供冷却液切削工件。

10. 照明及指示灯线路

照明及指示灯线路由变压器TC降压为36 V电压供照明使用，6.3 V供指示灯使用。

资讯五　检修步骤及工艺要求

（1）熟悉X62W型万能铣床的结构及运动形式，了解万能铣床的各种工作状态及各元件的作用和控制原理。

（2）观察电器元件的位置及布线情况。

（3）先了解故障发生时的情况。

①在确定无危险的情况下，通电试验，学生要仔细观察故障现象。

②确定分析故障范围。

③通过检测、分析和判断，逐步缩小故障范围。

④以设备的动作顺序为排除故障时分析、检测的次序，先检查电源，再检查线路和负载；先检查公共回路再检查各分支路；先检查控制电路再检查主电路；先检查容易测量的部分，再检查不容易检测的部分。

⑤采用正确方法查找故障点，并排除故障。

⑥检修完毕后，经老师同意，并有老师在场监护，通电试验，并做好维修记录。

资讯六　故障检修方法

（1）检修前的调查研究：通过看，观察各电器元件有无烧过、断线、螺丝钉松动，有无异常气味；通过问，问机床操作工人，了解故障现象，分析故障原因；通过听，听它们的声音是否正常。将以上情况做详细记录，以便排除故障。

（2）根据机床电气原理图进行分析，为了迅速找到故障位置并排除故障，就必须熟悉机床的电气线路。

（3）通过试验控制电路的动作顺序，此方法要切断主电路电源，只有在控制电路带电情况下进行工作。

（4）用仪表检查，利用万用表、摇表对电阻、电流、电压参数进行测量，从而发现故障点。

四、任务实施

1. 工具的准备

为完成工作任务，每个工作小组需要向仓库工作人员提供使用工具清单（见表3－2－1）。

表3－2－1　使用工具清单

序号	名称	（型号、规格）	数量	备注
1				
2				
3				
4				
5				

2. 元器件的选择

为完成工作任务，每个工作小组需要向仓库工作人员提供领用元器件清单（见表3－2－2）。

表 3-2-2 电器元件明细表

序号	代号	名称	（型号、规格）	数量	备注
1					
2					
3					
4					
5					

3. 安装 X62W 型万能铣床电气控制线路

1）设计要求

（1）根据任务要求设计出 X62W 型万能铣床电器布置图。

（2）根据任务要求设计出 X62W 型万能铣床电气接线图。

2）安装步骤及工艺要求

（1）逐个检验电气设备和元件的规格及质量是否合格。

（2）正确选配导线的规格、导线通道类型和数量、接线端子板型号等。

（3）在控制板上安装电器元件，并在各电器元件附近做好与电路图上相同代号的标记。

（4）按照控制板内布线的工艺要求进行布线和套编码套管。

（5）选择合理的导线走向，做好导线通道的支持准备，并安装控制板外部的所有电器。

(6) 进行控制箱外部布线，并在导线线头上套装与电路图相同线号的编码套管。对于可移动的导线通道应放适当的余量，使金属软管在运动时不承受拉力，并按规定在通道内放好备用导线。

(7) 检查电路的接线是否正确和接地通道是否具有连续性。

(8) 检查热继电器的整定值是否符合要求。各级熔断器的熔体是否符合要求，如不符合要求应予以更换。

(9) 检查电动机的安装是否牢固，与生产机械传动装置的连接是否可靠。

(10) 检测电动机及线路的绝缘电阻，清理安装场地。

(11) 点动控制各电动机启动、转向是否符合要求。

3) 通电调试

(1) 通电空转试验时，应认真观察各电器元件、线路；

(2) 通电带负载调试时，认真观察电动机及传动装置的工作情况是否正常。如不正常，应立即切断电源进行检查，在调整或修复后方能再次通电试车。

(3) 如调试中发现线路有故障，应按照表 3-2-3 常见故障现象及处理表进行分析。

4) 注意事项

(1) 不要漏接接地线。严禁采用金属软管作为接地通道。

(2) 在控制箱外部进行布线时，导线必须穿在导线通道内或敷设在机床底座内的导线通道里。所有的导线不允许有接头。

(3) 在导线通道内敷设的导线进行接线时，必须集中思想，做到查出一根导线，立即套上编码套管，接上后再进行复验。

(4) 在进行快速进给时，要注意将运动部件处于行程的中间位置，以防止运动部件与车头或尾架相撞产生设备事故。

(5) 在安装、调试过程中，工具、仪表的使用应符合要求。

(6) 通电操作时，必须严格遵守安全操作规程。

4. 检修 X62W 型万能铣床电气控制线路

故障设定范围、检修步骤及工艺要求如下。

1) 故障设定范围

针对表 3-2-3 中所列故障现象分析故障范围，编写检修流程，合理设置故障，按照规范检修步骤排除故障。

表 3-2-3 常见故障现象与处理

序号	故障现象	检查要点	处理方法
1	主轴、工作台均不能得电	（1）主要检查 KH1、KH2、SA1、SB5、SB6、SQ1 等公共回路。 （2）检查熔断器 FU6	（1）将损坏的导线、元器件更换。 （2）查明原因，更换熔断器
2	主轴不能启动工作台快速进给	（1）检查 KM3 线圈的进线及出线。 （2）检查 KM3 线圈的好坏	（1）紧固导线连接。 （2）更换 KM3 线圈
3	主轴能正常工作、工作台不能得电	（1）检查 KM1 至 KM2 的公共连线。 （2）检查工作台的公共回路	紧固连接导线
4	工作台不能快速移动	（1）检查接触器 KM2 的线圈。 （2）检查接触器 KM2 的常开触头。 （3）检查工作台的公共线	（1）更换接触器 KM2 的线圈。 （2）修复接触器 KM2 的常开触头。 （3）更换坚固连接导线
5	工作台不能冲动	（1）检查行程开关 SQ2。 （2）检查连接行程开关 SQ2 的导线	（1）更换行程开关 SQ2。 （2）修复连接行程开关 SQ2 的导线
6	工作台不能冲动，不能向左、向右进给，圆工作台不能旋转	（1）检查 KM3 线圈、SQ4-2、SQ3-2。 （2）检查 KM3 线圈的连接导线	（1）修复更换损坏元器件。 （2）修复连接线
7	工作台不能向上、向下、向前、向后进给，不能冲动	（1）检查接触器 KM4 线圈回路。 （2）检查 SQ5-2、SQ6-2	（1）修复损坏元器件。 （2）紧固连接导线
8	圆工作台不能旋转	（1）检查开关 SA2-2。 （2）检查开关 SA2-2 的连接导线	（1）更换开关 SA2-2。 （2）修复开关 SA2-2 的连接线
9	工作台不能向右进给，不能向上、向后进给	（1）检查 KM4 线圈。 （2）检查 KM4 的连接导线	（1）更换 KM4 线圈。 （2）紧固连接导线

续表

序号	故障现象	检查要点	处理方法
10	主轴不能制动、工作台不能工作进给及快速进给	(1) 检查 FU4。 (2) 检查 FU4 的进出线。 (3) 检查整流桥进出线电压	(1) 更换损坏元器件。 (2) 紧固连接导线
11	主轴不能制动	(1) 检查 YC1 的线圈。 (2) 检查 YC1、SB6、SB5 的进出线	(1) 更换损坏的元器件。 (2) 紧固连接导线

2) 检修步骤及工艺要求

(1) 在教师指导下对铣床进行操作。

(2) 在铣床上人为设置自然故障点，故障的设置应注意以下几点：

①人为设置的故障必须是模拟铣床在工作中由于受外界因素影响而造成的自然故障。

②不能设置更改线路或更换元器件等由于人为造成的非自然故障。

③设置故障不能损坏电路元器件，不能破坏线路美观；不能设置易造成人身事故的故障；尽量不设置易引起设备事故的故障，若有必要应在教师监督和现场密切注意的前提下进行。

④故障的设置先易后难，先设置单个故障点，然后过渡到两个故障点。

(3) 故障检测前先通过试车写出故障现象，分析故障大致范围，讲清采用的故障检测手段、检测流程，正确无误后方可进行检测、排除故障。

(4) 找出故障点以后切断电源，仔细修复，不得扩大故障或产生新的故障；恢复后通电试车。

5. 填写维修现场记录

完成表 3-2-4。

表 3-2-4 故障分析及排除方法

序号	故障现象	排除方法
1		
2		
3		
4		

五、任务评价

1. 成果展示

各小组派代表上台总结在完成任务的过程中掌握了哪些技能技巧、发现错误后如何改正，并展示已接好的电路，通电试验，叙述常见故障现象与处理。

2. 各小组对工作岗位的“7S”处理

在小组和教师都完成工作任务总结以后，各小组必须对自己的工作岗位进行“整理、整顿、清扫、清洁、安全、素养、节约”的7S处理；归还所借的工、量具和实习工件。

3. 评价表

完成表3－2－5。

表3－2－5　正确安装、调试与检修X62W型万能铣床的电气控制线路评价表

班级：______ 小组：______ 姓名：______		指导教师：______ 日　期：______				
评价项目	评价标准	评价依据	评价方式			小计
			学生自评（20%）	小组互评（30%）	教师评价（50%）	
职业素养	（1）遵守企业规章制度、劳动纪律。 （2）按时按质完成工作任务。 （3）积极主动承担工作任务，勤学好问。 （4）注意人身安全与设备安全。 （5）工作岗位7S完成情况	（1）出勤。 （2）工作态度。 （3）劳动纪律。 （4）团队协作精神				
专业能力	（1）熟练掌握X62W型万能铣床的主要运动和结构特点。 （2）X62W型万能铣床电气控制线路的安装与调试。 （3）编制铣床维修计划及方案。 （4）熟练运用机床故障检修方法。 （5）具有较强的故障点分析排除故障能力	（1）操作的准确性和规范性。 （2）工作页或项目技术总结完成情况。 （3）专业技能任务完成情况				

续表

<table>
<tr><td colspan="3">班级：________
小组：________
姓名：________</td><td colspan="4">指导教师：________

日　期：________</td></tr>
<tr><td rowspan="2">评价项目</td><td rowspan="2">评价标准</td><td rowspan="2">评价依据</td><td colspan="3">评价方式</td><td rowspan="2">小计</td></tr>
<tr><td>学生自评（20%）</td><td>小组互评（30%）</td><td>教师评价（50%）</td></tr>
<tr><td>创新能力</td><td>（1）在任务完成过程中能提出自己的见解和方案。
（2）在教学或生产管理上提出建议，具有创新性</td><td>（1）方案的可行性及意义。
（2）建议的可行性</td><td></td><td></td><td></td><td></td></tr>
<tr><td>合　计</td><td colspan="6"></td></tr>
</table>

六、技能拓展

根据给出的 X62W 万能铣床电气控制线路原理图，试按以下要求对电气控制线路进行改进设计并画出新的电气控制线路原理图。

创新要求：

（1）要求无论打开电箱门或皮带齿轮箱门都能断开整机电源。

（2）要求不影响机床任何正常操作。

任务三　正确安装、调试与检修 T68 型镗床的电气控制线路

一、教学指引

教学步骤	教学方式
任务资讯	自学、查资料、互相讨论
任务讲解	重点讲述 T68 型镗床电气控制线路的调试与检修
任务实施	导入情景，采取学生训练与教师示范、巡回指导相结合的方式
任务评价	采用学生自评、互评及教师评的方式

二、任务单

任务名称	正确安装、调试与检修 T68 型镗床的电气控制线路	实训设备	
小组成员			
任务要求	（1）掌握 T68 型镗床的主要运动形式，能进行通电试车操作。 （2）能根据 T68 型镗床电气原理图和实际情况设计 T68 型镗床的电器布置图和电气安装接线图。 （3）熟悉 T68 型镗床电路的工作原理及其安装调试方法。 （4）掌握 T68 型镗床常见故障的排除方法		
任务描述	在此项典型工作任务中主要使学生掌握 T68 型镗床的电气工作原理图、电器布置图、电气安装接线图及处理常见故障的能力。学生接到安装和检修任务后，应根据任务要求准备工具和材料，做好工作现场准备，严格遵守作业规范进行施工，安装完毕后进行自检，填写相关表格并交检测指导教师验收。按照现场管理规范清理场地、归置物品		
任务目标	**知识目标：** （1）识读电路图、布置图、接线图的原则。 （2）说出 T68 型镗床电气控制线路的工作原理。 **技能目标（专业能力）：** （1）熟悉 T68 型镗床的主要运动结构和运动特点。 （2）掌握 T68 型镗床电气控制线路原理图、电器布置图和电气接线图。 （3）掌握 T68 型镗床电气控制线路的故障分析及排除方法的思路。 （4）学会 T68 型镗床电气故障检修步骤及要求。 （5）各小组发挥团队合作精神，学会机床故障检修的步骤、实施、成果评估。 **安全规范目标：** （1）处理好工作中已拆除的电线，以防止触电。 （2）带电试车前须检查无误后方能送电，且有指导老师监护。 （3）工作完毕后，按照现场管理规范清理场地、归置物品		

三、任务资讯

T68 型卧式镗床有两台电动机，一台是双速电动机，它通过变速箱等传动机构带动主轴及花盘旋转，同时还带动润滑油浆；另一台电动机带动主轴的轴向进给、主轴箱的垂直进给、工作台的横向和纵向进给的快速移动。

双速电动机属于异步电动机变极调速，是通过改变定子绕组的连接方法达到改变定子旋转磁场磁极对数，从而改变电动机的转速。

定子接线如图 3 -3 -1、图 3 -3 -2 所示。

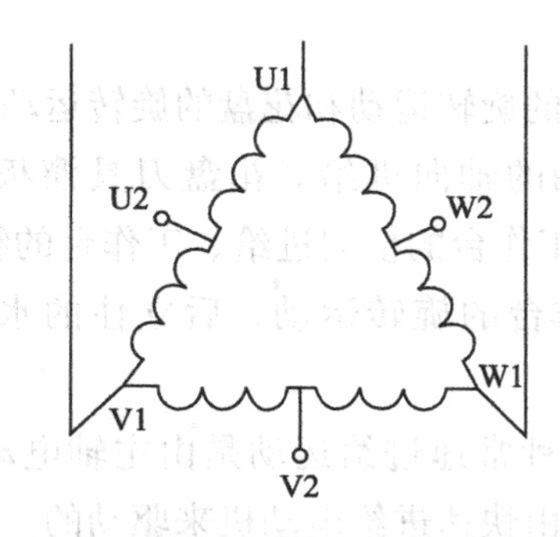

图 3 -3 -1 低速时绕组的接法

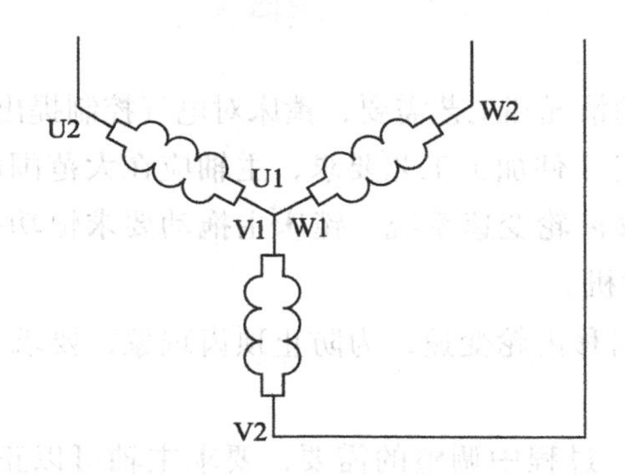

图 3 -3 -2 高速时绕组的接法

资讯一 电路型号意义及主要结构和运动形式

（1）型号意义：

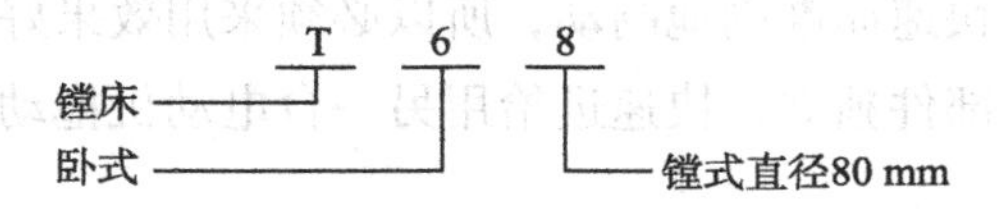

（2）主要结构：

由床身、前立柱、镗头架、工作台、后立柱和尾架等组成。床身是一个整体的铸件，在它的一端固定有前立柱，在前立柱的垂直导轨上装有镗头架，镗头架可沿导轨上下移动。镗头架由主轴部分、变速箱、进给箱与操纵机构组成。切削刀具固定在镗轴前端的锥形孔里，或装在花盘上的刀具溜板上。

在工作过程中，镗轴一边旋转，一边沿轴向做进给运动。而花盘只能旋转，装在其上的刀具溜板则可做垂直于主轴轴线方向的径向进给运动。

镗轴和花盘主轴是通过单独的传动链传动的，因此它们可以独立转动。

（3）运动方式：

①主体运动：有主轴的旋转运动和花盘的旋转运动。

②进给运动：有主轴的轴向进给。花盘刀具溜板的径向进给。镗头架（主轴箱）的垂直进给、工作台的横向进给、工作台的纵向进给。

③辅助运动：有工作台的旋转运动、后立住的水平移动和尾架的垂直移动。

机床的主体运动及各种常速进给运动是由主轴电动机来驱动的，但机床各部分的快速进给运动是由快速进给电动机来驱动的。

资讯二　电气控制要求

根据镗床的运动情况和工艺需要，镗床对电气控制提出如下要求：

（1）为适应各种工件加工工艺要求，主轴应在大范围内调速，多采用交流电动机驱动的滑移齿轮变速系统。镗床主拖动要求恒功率拖动，所以采用“△-YY”双速电动机。

（2）由于采用滑移齿轮变速，为防止顶齿现象，要求主轴系统变速时做低速断续冲动。

（3）为适应加工过程中调整的需要，要求主轴可以正、反向点动调整，这是通过主轴电动机低速点动来实现的。同时还要求主轴可以正、反向旋转，通过主轴电动机的正、反转来实现。

（4）主轴运动在低速时可以直接启动，在高速时控制电路要保证先接通低速经延时再接通高速以减小启动电流。

（5）主轴要求快速而准确地制动，所以必须采用效果好的停车制动。

（6）由于进给部件独立，快速进给用另一台电动机拖动。

资讯三　T68 型镗床的控制线路工作原理

1.主电路分析

T68 型镗床的控制线路工作原理如图 3-3-3 所示，主拖动由电动机 M1、快速移动电动机 M2 和两台三相异步电动机组成。M1 用接触器 KM1 和 KM2

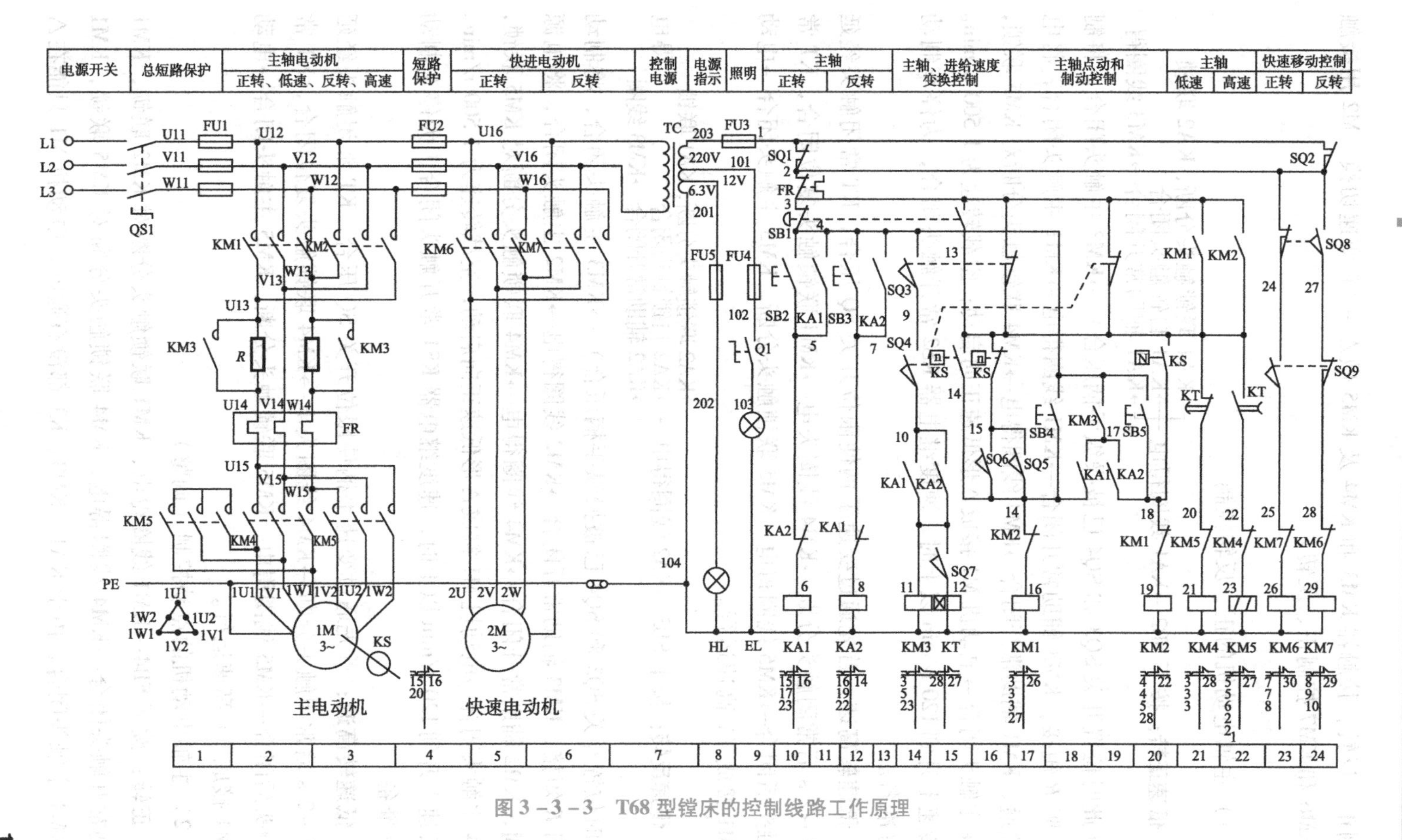

图3-3-3 T68型镗床的控制线路工作原理

控制正、反转，接触器 KM3 和 KM4 及 KM5 做△－YY 变速切换。M2 用接触器 KM6 和 KM7 控制正、反转。

2. 控制电路分析

1）主轴电动机的正、反转控制

低速正转：按下 SB2→KA1 线圈得电→KA1 联锁触头分断，KA2 联锁；→KA1 自锁触头闭合；→KA1 辅助常开闭合→KM3 线圈得电（此时位置开关 SQ3 和 SQ4 已被操纵手柄压合）→KM3 主触头闭合，将制动电阻 *R* 短接，KM3 辅助常开闭合→KM1 线圈得电→KM1 主触头闭合，将电源接通，KM1 辅助常开闭合→KM4 线圈得电→KM4 联锁触头分断对 KM5 联锁，KM4 主触头闭合→电动机 M1 接成△形低速正向启动；空载转速为 1 500 r/min。当转速上升到 120 r/min 以上时，速度继电器 KS2 常开触头闭合，为停车制动做好准备。

低速转高速：首先通过变速手柄使限位开关 SQ 压合，KT 常闭触头经延时 1～2 s 后常闭触头分断→KM4 线圈失电→KM4 联锁触头复位闭合，KT 常开触头后闭合→KM5 线圈得电，KM5 联锁触头分断，KM5 主触头闭合→电动机 M1 接成 YY 高速运行。

低速反转：按下 SB3→KA2 线圈得电→KA2 联锁触头分断，KA1 联锁；→KA2 自锁触头闭合；→KA2 辅助常开闭合→KM3 线圈得电（此时位置开关 SQ3 和 SQ4 已被操纵手柄压合）→KM3 主触头闭合，将制动电阻 *R* 短接，KM3 辅助常开闭合→KM2 线圈得电→KM2 主触头闭合，将电源接通，KM2 辅助常开闭合→KM4 线圈得电→KM4 联锁触头分断对 KM5 联锁，KM4 主触头闭合→电动机 M1 接成△形低速正向启动；空载转速为 1 500 r/min。当转速上升到 120 r/min 以上时，速度继电器 KS1 常开触头闭合，为停车制动做好准备。

低速转高速：首先通过变速手柄使限位开关 SQ 压合，KT 常闭触头经延时 1～2 s 后常闭触头分断→KM4 线圈失电→KM4 联锁触头复位闭合，KT 常开触头后闭合→KM5 线圈得电，KM5 联锁触头分断，KM5 主触头闭合→电动机 M1 接成 YY 高速运行。

2）主轴电动机的点动控制（调整）

正转：按下 SB4→KM1 线圈得电，KM1 联锁触头分断对 KM2 联锁，KM1 辅助常开触头闭合→KM4 线圈得电，KM4 联锁触头分断对 KM5 联锁，KM1 和 KM4 主触头闭合，由于 KA1、KM3、KT 都没有通电，电动机 M1 只能在△

接法下串入电阻做低速转动，当松开 SB4 时，KM1、KM4 线圈失电，因电路没有自锁作用，所以 M1 不会连续转动下去和不能作反接制动。

反转：按下 SB5→KM2 线圈得电，KM2 联锁触头分断对 KM2 联锁，KM2 辅助常开闭合→KM4 线圈得电，KM4 联锁触头分断，KM4 主触头闭合，由于 KA2、KM3、KT 都没通电，电动机 M1 只能在△接法下串入电阻做低速转动，当松开 SB5→KM2 线圈失电，M1 不会连续转动下去和不能作为反接制动。

3）主轴电动机 M1 的停车制动

假设电动机 M1 正转，当转速大到 120 r/min 以上时，速度继电器 KS2 常开触头闭合，为停车制动做好准备。按下 SB1→KA1、KM3、KT、KM4 的线圈同时断电。KM1 线圈断电，KM1 主触头分断，电动机 M1 断电做惯性运转。因 KS2 常开触头闭合→KM2 线圈得电，KM2 辅助常开触头闭合→KM4 线圈得电，KM2、KM4 主触头闭合→电动机 M1 串入电阻 R 反接制动。当电动机 M1 的转速降至 120 r/min 以下时，速度继电器 KS2 常开触头断开，KM2 线圈失电，KM2 辅助常开分断→KM4 线圈失电，电动机 M1 停转，反接制动结束。如果电动机 M1 反转，当转速达到 120 r/min 以上时，速度继电器 KS1 常开触头闭合，为停车制动做好准备，动作过程与正转制动时相似。

4）主轴电动机 M1 的高、低速控制

主轴电动机低速运转定子绕组作△接法，n = 1 460 r/min；高速时 M1 定子绕组接成YY，n = 2 880 r/min。选择电动机 M1 低速（△接法）运行，可通过变速手柄使变速行程开关 SQ 处于断开位置，时间继电器 KT 线圈断电，KM5 线圈断电，电动机 M1 只能由接触器 KM4 接成△低速运行。需要电动机高速运行，首先通过变速手柄使限位开关 SQ 压合，按下正转启动按钮 SB2→KA 线圈得电，KA1 联锁触头分断，KA1 自锁触头闭合，KA1 辅助常开闭合，KM3 线圈得电，KM3 辅助常开触头闭合，KT 线圈得电，KM1 线圈得电，KM1 联锁触头分断，KM1 辅助常开闭合，KM4 线圈得电，KM4 联锁触头分断，电动机 M1 接成△低速运转，KT 常闭触头经延时 1～2 s 后常闭触头分断→KM4 线圈失电→KM4 联锁触头复合，KT 常开触头后闭合→KM5 线圈得电，KM5 联锁触头分断，KM5 主触头闭合→电动机 M1 接成YY高速运行。

5）主轴变速及进给变速控制

主轴变速控制：主轴的各种转速是用变速操纵盘来调节变速、传动系统而取得的。在需要变速时，可不必按停止按钮 SB1，只要将主轴变速操纵盘的操纵手柄拉出，与变速手柄有机械联系的行程开关 SQ3 不再受压而分断，SQ3

常开触头分断。SQ3 常闭触头闭合，此时 KM3 和 KM4 线圈失电，KT 线圈失电，KM1 线圈失电→电动机 M1 断电惯性运转，SQ3 常闭已闭合，而速度继电器 KS2 常开触头早已闭合→KM2 和 KM4 线圈得电，KM2 和 KM4 主触头闭合→电动机 M1 在低速状态下串入电阻反接制动。当制动结束，KS2 常开触头分断时，M1 停止运转，便可转动变速操纵盘进行变速，变速后，将手柄推回原位，使 SQ3 和 SQ5 触头恢复原位闭合，KM3、KM1、KM4 线圈相继通电吸合，电动机 M1 启动主轴以新选定的转速运转。变速时，若因齿轮卡住手柄推不上时，此时变速冲动开关 SQ6 被压合，速度继电器 KS3 的常闭已闭合→KM1 线圈得电，KM1 辅助常开闭合→KM4 常闭触头又分断，KM1、KM4 线圈又失电，KM1、KM4 主触头分断，电动机 M1 又断电，当速度降到约 40 r/min 时，KS3 常闭触头又闭合，KM1、KM4 线圈再次得电，KM1、KM4 主触头又闭合→电动机 M1 再次启动运转，电动机 M1 的转速在 40～120 r/min 范围内重复动作，直至齿轮啮合后，才能推合变速操纵手柄，变速冲动才告结束。快速进给电动机控制主轴的轴向进给、主轴箱的垂直进给、工作台的纵向横向进给等的快速移动，是由电动机 M2 通过齿轮、齿条等来完成的。快速手柄扳到正向快速位置时，压合行程开关 SQ8，SQ8 常闭分断，SQ8 常开闭合→KM6 线圈得电→KM6 联锁触头分断，KM6 主触头闭合，电动机 M2 正转启动，实现快速正向移动。将快速手柄扳到反向快速位置，行程开关 SQ7 被压合，SQ7 常闭触头分断，SQ7 常开触头闭合→KM7 线圈得电→KM7 联锁触头分断，KM7 主触头闭合→电动机 M2 反向快速移动。

3. 联锁保护装置

为了防止在工作台或主轴箱自动快速进给时又将主轴进给手柄扳到自动快速进给的误操作，就采用了车工作台和主轴箱进给手柄有机械连接的行程开关 SQ1（在工作台后面）。当上述手柄扳在工作台（或主轴）自动快速进给位置时，SQ1 被压，SQ1 常闭触头分断。同样，在主轴箱上还装有另一行程开关 SQ2，它与主轴进给手柄有机械连接，当这个手柄动作时，SQ2 受压，SQ2 常闭触头分断。电动机 M1 和 M2 必须在 SQ1、SQ2 中至少有一个处于闭合状态下才能工作，如果两个手柄都处在进给位置时，SQ1 和 SQ2 都断开，M1 与 M2 就不能进行工作或自动停转，从而达到联锁保护的目的。

资讯四　T68 型镗床的常见故障及排除方法

（1）主轴电动机高低速转换不能实现。

故障原因：高低速转换是靠微动开关SQ来实现的，常见的故障是时间继电器KT不动作，或微动开关SQ安装的位置移动，造成SQ始终处于接通或断开状态。如KT不动作或SQ始终处于断开状态，则主轴电动机M1只有低速；若SQ处于接通状态，则M1只有高速。

（2）主轴电动机M1不能实现正、反转点动控制。

生产故障原因：上述各种控制电路的公共回路上出现故障。如不能进行低速运行，故障可能在控制线路中有断点，或导线松动、脱落、触头接触不良，否则，故障可能在主电路的制动电阻 R 及引线有断开点，若主电路仅断开一相电源，电动机有缺相运行时会发出嗡嗡声。

四、任务实施

1. 工具的准备

为完成工作任务，每个工作小组需要向仓库工作人员提供使用工具清单（见表3-3-1）。

表3-3-1 使用工具清单

序号	名称	（型号、规格）	数量	备注
1				
2				
3				
4				
5				

2. 元器件的选择

为完成工作任务，每个工作小组需要向仓库工作人员提供领用元器件清单（见表3-3-2）。

表3-3-2 电器元件明细表

序号	代号	名称	（型号、规格）	数量	备注
1					
2					
3					
4					
5					

3. 安装T68型镗床电气控制线路

1）设计要求

（1）根据任务要求设计出T68型镗床电器布置图。

（2）根据任务要求设计出安装与调试T68型镗床电气接线图。

2）安装步骤及工艺要求

（1）逐个检验电气设备和元件的规格及质量是否合格。

（2）正确选配导线的规格、导线通道类型和数量、接线端子板型号等。

（3）在控制板上安装电器元件，并在各电器元件附近做好与电路图上相同代号的标记。

（4）按照控制板内布线的工艺要求进行布线和套编码套管。

（5）选择合理的导线走向，做好导线通道的支持准备，并安装控制板外部的所有电器。

（6）进行控制箱外部布线，并在导线线头上套装与电路图相同线号的编码套管。对于可移动的导线通道应放适当的余量，使金属软管在运动时不承受拉力，并按规定在通道内放好备用导线。

（7）检查电路的接线是否正确和接地通道是否具有连续性。

（8）检查热继电器的整定值是否符合要求。各级熔断器的熔体是否符合要求，如不符合要求应予以更换。

（9）检查电动机的安装是否牢固，与生产机械传动装置的连接是否可靠。

（10）检测电动机及线路的绝缘电阻，清理安装场地。

(11) 点动控制各电动机启动、转向是否符合要求。

3) 通电调试

(1) 通电空转试验时，应认真观察各电器元件、线路。

(2) 通电带负载调试时，认真观察电动机及传动装置的工作情况是否正常。如不正常，应立即切断电源进行检查，在调整或修复后方能再次通电试车。

(3) 如调试中发现线路有故障，应按照表 3－3－3 常见故障现象及处理表进行分析。

4) 注意事项

(1) 不要漏接接地线。严禁采用金属软管作为接地通道。

(2) 在控制箱外部进行布线时，导线必须穿在导线通道内或敷设在机床底座内的导线通道里。所有的导线不允许有接头。

(3) 在导线通道内敷设的导线进行接线时，必须集中思想，做到查出一根导线，立即套上编码套管，接上后再进行复验。

(4) 在进行快速进给时，要注意将运动部件处于行程的中间位置，以防止运动部件与车头或尾架相撞产生设备事故。

(5) 在安装、调试过程中，工具、仪表的使用应符合要求。

(6) 通电操作时，必须严格遵守安全操作规程。

4. 检修 T68 型镗床电气控制线路

1) 故障设定范围

针对表 3－3－3 中所列故障现象分析故障范围，编写检修流程，合理设置故障，按照规范检修步骤排除故障。

表 3－3－3 常见故障现象与处理

序号	故障现象	检查要点	处理方法
1	主轴能低速启动，但不能高速运行	(1) 行程开关 SQ7 位置变动或松动。 (2) 行程开关 SQ7 或时间继电器 KT 触点接触不良或接线脱落	(1) 调整或更换 SQ7。 (2) 修复触点的连接导线
2	主轴电动机不能制动	(1) 速度继电器损坏，其常开触点不能闭合。 (2) 接触器 KM1、KM2 常闭触点接触不良	(1) 更换速度继电器。 (2) 修复接触器的触点

续表

序号	故障现象	检查要点	处理方法
3	主轴变速手柄拉开时不能制动	（1）主轴变速行程开关 SQ5 的位置移动不能复位。 （2）速度继电器损坏，常闭触点不能闭合，反接制动接触器不能吸合	（1）修复行程开关 SQ5。 （2）修复速度继电器及接触器
4	进给变速手柄拉开时不能制动	检查 SQ6 有没有复位，速度继电器是否正常	复位 SQ6，修复速度继电器
5	主轴变速手柄推合不上	（1）SQ5 位置移动，手柄没有推上时没有压下 SQ4。 （2）速度继电器损坏或线路断开，使得 KS-1 不通。 （3）行程开关 SQ4 的常闭触点接触不良或松动	（1）复位还原 SQ5 的位置。 （2）更换速度继电器。 （3）修复或更换行程开关
6	进给变速手柄推合不上	没有闭合	修复或更换损坏元器件
7	主轴和工作台不能工作进给	（1）主轴和工作台的两个手柄都扳到了进给位置。 （2）行程开关 SQ1、SQ2 位置变动或撞坏，使其常闭点不能闭合	（1）恢复手柄到正常位置。 （2）调整或更换行程开关，使其正常动作
8	主轴电动机不能动	（1）行程开关 SQ 常开触点接触不良绝缘击穿等造成。 （2）由于行程开关 SQ3 和 SQ5 接触不良或移动使 SQ3 触点、SQ5 触点不能闭合或速度继电器的常开触点 KS3 不能闭合，接触不良等	（1）修复行程开关 SQ。 （2）调整或更换行程开关 SQ3 或 SQ5，修复 KS3 触点
9	变速时，电动机不能停止	位置开关 SQ3 或 SQ4 动合触点短接	拉出变速手柄，查位置开关 SQ3 正常，SQ4 动合触点的电阻很小，更换位置开关 SQ4，故障排除
10	正向启动正常，反向无制动，且反向启动不正常	若反向也不能启动，则故障在 KM1 动断触点，或在 KM2 线圈、KM2 主触点接触不良，以及 KS2 触点未闭合	查 KM1 动断触点接触不良，修复触点，故障排除

续表

序号	故障现象	检查要点	处理方法
11	进给电动机 M2 快速移动正常，主轴电动机不工作	热继电器 KH 动断触点断开	查热继电器 KH 动断触点已烧坏，但不要急于更换，一定要查明原因
12	只有高速挡，没有低速挡	（1）接触器 KM4 已损坏；接触器 KM5 动断触点损坏。 （2）时间继电器 KT 延时断开动断触点坏了	查接触器 KM4 线圈已损坏。更换接触器，故障排除

2）检修步骤及工艺要求

（1）在教师指导下对镗床进行操作。

（2）在镗床上人为设置自然故障点，故障的设置应注意以下几点：

①人为设置的故障必须是模拟镗床在工作中由于受外界因素影响而造成的自然故障。

②不能设置更改线路或更换元器件等由于人为造成的非自然故障。

③设置故障不能损坏电路元器件，不能破坏线路美观；不能设置易造成人身事故的故障；尽量不设置易引起设备事故的故障，若有必要应在教师监督和现场密切注意的前提下进行。

④故障的设置先易后难，先设置单个故障点，然后过渡到两个故障点。

（3）故障检测前先通过试车写出故障现象，分析故障大致范围，讲清采用的故障检测手段、检测流程，正确无误后方可进行检测、排除故障。

（4）找出故障点以后切断电源，仔细修复，不得扩大故障或产生新的故障；恢复后通电试车。

3）排除故障要求

（1）根据故障现象，先在原理图上正确标出最小故障范围的线段，然后采用正确的检查和排故方法并在额定时间内排除故障。

（2）排除故障时，必须修复故障点，不得采用更换电器元件、借用触点及改动线路的方法，否则，作不能排除故障点扣分。

（3）检修时，严禁扩大故障范围或产生新的故障，并不得损坏电器元件。

4）注意事项

（1）熟悉 T68 型镗床电气线路的基本环节及控制要求。

（2）弄清电气、机械系统如何配合实现某种运动方式，认真观摩教师的示范检修。

（3）检修时，所有的工具、仪表应符合使用要求。

（4）不能随便改变升降电动机原来的电源相序。

（5）排除故障时，必须修复故障点，但不得采用元件代换法。

（6）检修时，严禁扩大故障范围或产生新的故障。

（7）带电检修，必须有指导教师监护，以确保安全。

五、任务评价

1. 成果展示

各小组派代表上台总结在完成任务的过程中掌握了哪些技能技巧、发现错误后如何改正，并展示已接好的电路，通电试验，叙述常见故障现象与处理。

2. 各小组对工作岗位的“7S”处理

在小组和教师都完成工作任务总结以后，各小组必须对自己的工作岗位进行“整理、整顿、清扫、清洁、安全、素养、节约”的7S处理；归还所借的工、量具和实习工件。

3. 评价表

完成表3－3－4。

表3－3－4　正确安装、调试与检修T68型镗床的电气控制线路评价表

<table>
<tr><td colspan="3">班级：________
小组：________
姓名：________</td><td colspan="4">指导教师：____________

日　期：____________</td></tr>
<tr><td rowspan="2">评价项目</td><td rowspan="2">评价标准</td><td rowspan="2">评价依据</td><td colspan="3">评价方式</td><td rowspan="2">小计</td></tr>
<tr><td>学生自评（20%）</td><td>小组互评（30%）</td><td>教师评价（50%）</td></tr>
<tr><td>职业素养</td><td>（1）遵守企业规章制度、劳动纪律。
（2）按时按质完成工作任务。
（3）积极主动承担工作任务，勤学好问。
（4）注意人身安全与设备安全。
（5）工作岗位7S完成情况</td><td>（1）出勤。
（2）工作态度。
（3）劳动纪律。
（4）团队协作精神</td><td></td><td></td><td></td><td></td></tr>
</table>

续表

班级： 小组： 姓名：		指导教师： 日　　期：				
评价项目	评价标准	评价依据	评价方式			小计
			学生自评（20%）	小组互评（30%）	教师评价（50%）	
专业能力	（1）熟练分解 T68 型镗床主要运动和结构特点。 （2）掌握 T68 型镗床电气控制线路的安装与调试。 （3）编制镗床维修计划及方案。 （4）熟练运用机床故障检修方法。 （5）具有较强的故障点分析排除故障能力	（1）操作的准确性和规范性。 （2）工作页或项目技术总结完成情况。 （3）专业技能任务完成情况				
创新能力	（1）在任务完成过程中能提出自己的见解和方案。 （2）在教学或生产管理上提出建议，具有创新性	（1）方案的可行性及意义。 （2）建议的可行性				
合　计						

六、任务拓展

根据给出的 T68 型镗床电气控制线路原理图，试按以下要求对电气控制线路进行改进设计并画出新的电气控制线路原理图。

创新要求：无论打开电箱门或皮带齿轮箱门都能断开整机电源。